Birthe Hesebeck · Mara Meske

Eiche, Farn & Specht

Mit spielerischen Aktivitäten den Wald und seine Bewohner erforschen und verstehen

Illustrationen: Simone Pahl

Ökotopia Verlag, Münster

Impressum

Autorinnen Birthe Hesebeck ~ Mara Meske
Illustrationen Simone Pahl
Fotos Birgit Laux
Satz art applied, Druckvorstufe Hennes Wegmann, Münster
Notensatz Ja.Ro-Music, Taunusstein
ISBN 978-3-86702-098-5

1 2 3 4 5 6 7 8 9 · 16 15 14 13 12 11 10

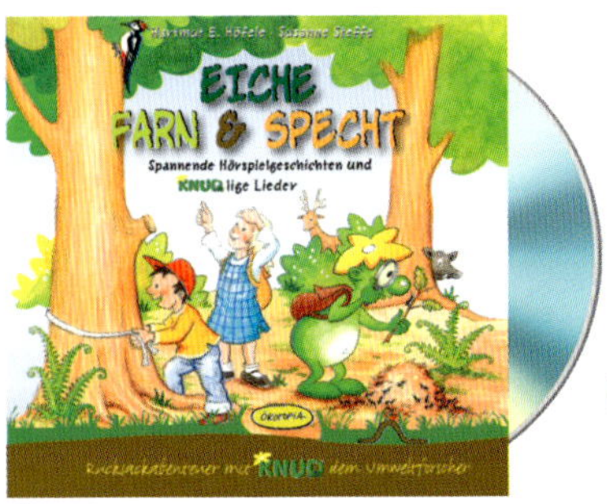

Alle Lieder dieses Buches sowie Geschichten von und mit KNUD gibt es auf der Hörbuch-CD von Hartmut E. Höfele und Susanne Steffe:

Eiche, Farn & Specht

Spannende Hörspielgeschichten und KNUDlige Lieder

ISBN 978-3-86702-099-2

Inhalt

Einleitung

Rucksackabenteuer mit Knud dem Umweltforscher

Die **Buchreihe „Rucksackabenteuer mit Knud dem Umweltforscher"** macht Mut, mit Kindern gemeinsam in die spannende Welt der Natur und Naturwissenschaften einzutauchen. Sie macht Naturwissenschaft ebenso hautnah erlebbar wie nachvollziehbar und stellt sie damit in den Dienst eines verständnisvollen Miteinanders mit der Natur und einem Gefühl des Eingebunden- und Aufgehobenseins in ihr. Die Reihe bietet ein **ideales Grundlagenmaterial für die naturwissenschaftliche Bildung in Kindergarten und Grundschule,** ist aber ebenso für interessierte Eltern und Kinder zu Hause oder für die **Natur- und Umweltbildung** in freier Trägerschaft konzipiert.

Die Erfahrungen zeigen, dass gerade **Kinder zwischen 4 und 8 Jahren** sehr offen für naturwissenschaftliches Forschen und Experimentieren sind und dass in dieser wertvollen Bildungszeit fast nebenbei naturwissenschaftliche Grundkompetenzen erworben werden – vor allem dann, wenn sie mit einem positiven Grundgefühl verbunden sind. Deshalb möchten wir in erster Linie dazu ermutigen, mit Neugierde, Forschergeist und viel Spaß mit Kindern auf Entdeckungsreisen zu gehen, um den Geheimnissen und Gesetzmäßigkeiten der Natur auf die Spur zu kommen.

Kinder sind von Geburt an neugierig und interessiert, sie möchten die Welt in ihren Zusammenhängen kennenlernen und verstehen. Dabei gehen sie unbefangen und phänomenologisch vor – ähnlich wie viele NaturwissenschaftlerInnen: Sie nehmen wahr, beobachten und stellen Fragen an die Welt. *„Wie geht das? Ist das immer so? Warum funktioniert dieses oder jenes nur so und nicht anders?"* Ihre Hypothesen werden durch experimentelles Forschen überprüft, untermauert oder revidiert und tragen so zu einer ständigen Erweiterung ihres Weltbildes bei.

Die Natur bietet immer wieder neue Anlässe zum Staunen und Entdecken, und gerade Kinder sind ganz besonders fasziniert von allem, was lebt. Wenn es gelingt, diese Faszination zu fördern und zu erhalten, werden sie für das Wohlergehen der Erde Sorge tragen. Denn das, was ich kenne und liebe, bin ich bereit zu schützen und zu bewahren. Besonders in der heutigen Zeit gewinnt eine Verbindung zwischen rein rationalem Forschergeist und einer liebevollen, respektierenden und einfühlenden Grundhaltung gegenüber allem Lebendigen eine existenzielle Bedeutung: Indem wir begreifen, dass wir keine außen stehenden Konsumenten oder gar Beherrscher der Erde, sondern Teil des Gesamtbiotops sind, werden wir auch bereit sein, Verantwortung für die Erde und ihre Geschöpfe zu übernehmen. Dazu möchte die vorliegende Reihe ihren Beitrag leisten. **Schwerpunktanliegen ist die spielerische Vermittlung von Naturwissenschaften unter Berücksichtigung von Ökologie, Natur- und Umweltschutz.**

Jedes **Aktionsbuch** der mehrbändigen Reihe (vgl. S. 80) bietet eine **umfangreiche Auswahl an Spielaktionen, Experimenten, Liedern und kreativen Anregungen zum jeweiligen Thema**. Viele Aktionen finden im Freien statt, um den Kindern eine unmittelbare Beziehung zur Natur zu ermöglichen. Die thematischen Grundlagen der einzelnen Bände werden in Kapiteleinführungen und Infokästen im Überblick vermittelt. So erhalten PädagogInnen das nötige Hintergrundwissen, um Zusammenhänge für sich selbst erschließen und Fragen der Kinder beantworten zu können.
Die spielerischen Angebote stellen einen Fundus dar, der nach Bedarf einzeln oder in der thematischen Folge der Kapitel genutzt werden kann. Durch inhaltliche Querverbindungen lassen sich die einzelnen Aktionen auch nach Belieben neu kombinieren und zu einer sinnvollen Einheit verbinden.

Das Herzstück der gesamten Reihe ist die **Figur „Knud"**. Als Ansprechpartner und Identifikationsfigur für die Kinder stellt er die einzelnen Aktionen in einen sinnvollen Gesamtzusammenhang. Er begleitet die Kinder als „grüner Faden" durch die Kapitel hindurch und ist bei allen Aktionen dabei. Knud vermittelt Sachwissen auf Kinderebene, stellt viele Fragen und weckt Neugierde. Knud gibt es als **Spielpuppe, Rucksackpuppe** und als kleine **Fingerpuppe.** Ein **Forscherset** mit Experimentiermaterialien und eine **Hörbuch-CD** zu jedem Buch ergänzen die Reihe optimal. Für die Grundschule gibt es außerdem zu Band 1 und 2 je ein **Unterrichtsmaterial** mit vielen Arbeitsblättern als praktische Kopiervorlagen für den direkten Einsatz im Unterricht (vgl. S. 80 und **www.umweltknud.de)**.

Wer ist Knud?

Das ist Knud!

Viele ErzieherInnen und PädagogInnen kennen Knud noch aus dem Buch **„Stutzen, staunen, stöbern"**. Nach einer längeren Pause ist Knud nun wieder da. Er hat die Zwischenzeit genutzt, um ausgiebige Reisen in die verschiedenen Lebensräume der Natur zu unternehmen. Dabei hat er vor allem das Forschen und Experimentieren neu für sich entdeckt und begeistert Kinder mit seinen neuen Rucksackabenteuern für naturwissenschaftliche Zusammenhänge.
In diesem dritten Band lädt Knud die Kinder ein, den faszinierenden Lebensraum „Wald" zu entdecken. Er begibt sich auf kleine Forschungsexpeditionen in den Wald vor der Haustür und stellt spannende Fragen zu Bäumen und Tieren. Aber der Wald hat es ihm auch ansonsten angetan: als grüne Lunge, als perfektes Recyclingsystem und als Klimaregulator für die ganze Erde.

Knud ist weder Mensch noch Tier, sondern ein Fantasiewesen, das die Kinder durch das Buch und in die Natur führt. Er ist ein eigenständiger Charakter mit Gefühlen, Gedanken und eigenen Regungen. Knud bietet sich als Freund der Kinder und als Identifikationsfigur an und begleitet sie durch alle Aktionen. Gleichzeitig tritt Knud als Forscher auf, um den Kindern zu vermitteln, dass sich reine Naturwissenschaft mit Empathie und Verständnis für das Lebendige verbinden kann. Knud hat das Wohlbefinden aller Lebewesen im Blick und sieht sich selbst als Teil des Ganzen. Sein Anliegen ist es, ein Bewusstsein dafür zu schaffen, das wir alle diesen Planeten mit anderen großen und kleinen Lebewesen teilen. Er möchte Verständnis und Interesse für ökologische Zusammenhänge wecken.

Durch sein neugieriges Wesen und seine sympathische Stofftiergestalt hat Knud für die Kinder einen **hohen Aufforderungscharakter.** Knud hat Spaß beim Forschen, er lässt nicht locker, möchte alles wissen und die Zusammenhänge hinter den Dingen verstehen lernen. Er greift repräsentative Kinderfragen auf und lädt die Kinder ein, mit ihm zu forschen und zu hinterfragen. Knud ist also kein Alleswisser, sondern jemand, der sich durch forschendes Tun selbst schlau macht. Er teilt sein gewonnenes Sach- und Zusammenhangswissen und eine staunende, respektvolle Grundhaltung mit den Kindern und macht sich gemeinsam mit ihnen auf den Weg.

Knud gibt es als Rucksackpuppe, ...

Damit Knud über die Abbildungen in den Büchern hinaus lebendig werden kann, gibt es die Figur als Rucksackpuppe, als Fingerpuppe und als Spielpuppe.

Die **Rucksackpuppe** verleiht der Buchreihe „Rucksackabenteuer mit Knud dem Umweltforscher" ihren Namen: Knud als Rucksack ist ideal für Ausflüge in die Natur. Die Kinder tragen Knud abwechselnd auf ihrem Rücken spazieren und verstauen in seinem Bauch alles Notwendige für unterwegs oder sammeln darin interessante Fundstücke aus Wald und Wiese.

... als Fingerpuppe ...

Die **Fingerpuppe** eignet sich wunderbar als kleines Geburtstagsgeschenk in der Einrichtung, zum Mit-nach-Hause-Nehmen für jedes Kind, als Mitbringsel bei der Kinderparty oder zum Nachspiel der Erlebnisse mit dem „großen" Knud.

... und als Spielpuppe!

Die ca. 30 cm große **Spielpuppe** ist ein Muss für alle, die mit Knud arbeiten wollen. Durch sie kann die Spielleitung alle Aktionen und Erlebnisse mit Knud begleiten, kommentieren und neue Fragen aufwerfen: Hier wird Knud als konkreter Charakter lebendig! Eine ausführliche Puppenspielanleitung mit Fotos und zahlreichen Tipps gibt es im Internet unter **www.umweltknud.de** zum kostenlosen Download oder im Aktionsbuch Band 1 „Erde, Matsch & Stein" (➔ S. 80).

Um das Experimentieren in der Einrichtung zu erleichtern und die wichtigsten Utensilien gleich bereit zu haben, eignet sich für alle Bände der Reihe das **Forscherset** (→ S. 80). Es enthält eine Handlupe, einen Messbecher, eine Becherlupe, eine Pinzette, drei Pipetten, eine Sanduhr, ein Maßband und drei verschraubbare, unzerbrechliche Reagenzgläser.

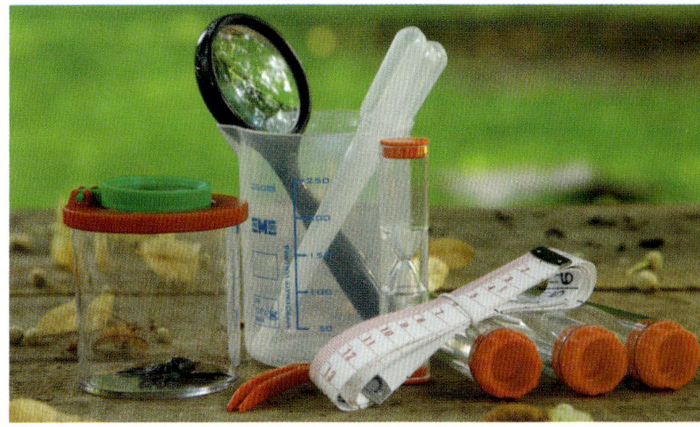

Das Forscherset beinhaltet alle wichtigen Experimentiermaterialien.

Hallo Kinder, da bin ich wieder: Knud der Umweltforscher! Vielleicht kennt ihr mich ja schon von meinen ersten beiden Rucksackabenteuern „Erde, Matsch & Stein" und „Sonne, Wind & Wasserkraft"? Ich bin immer unglaublich neugierig und will wissen, wie in der Natur alles funktioniert und zusammenhängt.

Diesmal interessiere ich mich für einen Ort, den ihr alle kennt: den Wald! Wusstet ihr, dass Wälder überall auf der Welt anders aussehen? Da gibt es dunkle Nadelwälder im hohen Norden, bunte Laub- und Mischwälder hier bei uns, trockene Wälder mit dicken, harten Blättern am Mittelmeer und schließlich üppige Regenwälder am Äquator! Und überall leben andere Tiere. Wisst ihr, in welchen Wäldern die Elche wohnen? Und wo findet ihr Tiger und Orang-Utans? Ich sage euch: Wälder sind wirklich faszinierend!

Am Liebsten mag ich übrigens den Wald vor unserer Haustür, weil der nicht so weit weg ist – da kann ich jederzeit hinüberlaufen und ihn erforschen! Zum Beispiel bin ich ganz neugierig darauf, welche Bäume dort wachsen. Und warum werfen sie im Herbst eigentlich die Blätter ab? Oder die Ameisen: Habt ihr euch auch schon mal gefragt, warum die immer die gleichen Wege benutzen? Und wieso bekommt der Specht eigentlich keine Kopfschmerzen, wenn er die ganze Zeit mit dem Schnabel gegen die harten Baumstämme hackt?

Wälder sind einfach ein spannender Lebensraum! Aber nicht nur das – ich habe auch gehört, dass sie als „grüne Lunge" der Erde bezeichnet werden! Ich glaube, das bedeutet, dass sie für unsere Luft zum Atmen und für das Klima der Erde eine ganz besondere Bedeutung haben. Deswegen ist es auch so wichtig, dass wir gut auf die Wälder achtgeben.

So – jetzt geht's aber los in den Wald! Kommt ihr mit?

Der Knud ist Forscher

Nr. 2

Text: Unmada Manfred Kindel / Susanne Steffe
Musik: Unmada Manfred Kindel

Es gibt sogar ein Lied über Knud: den Knud-Forschersong! Wer den Refrain schon kennt, singt gleich mit und erfährt in den Strophen, was Knud im Wald so alles vorhat ...

Refrain 2:
Der Knud ist Forscher,
Geheimnisspezialist.
Der Knud ist Forscher,
Der kriegt was raus.
Der Knud ist Forscher,
Er untersucht und misst.
Das Leben ist ein Wunder!
Knud ist immer wieder baff!

2. Knud liebt die Wälder und weiß Bescheid,
Was wo, wie wächst, zu welcher Jahreszeit,
Erkennt die Vögel an ihrem Gesang,
Lauscht dem Klang, kurz und lang, tirlitang,
Denn der Knud ist wirklich schlau – genau!

Refrain 1: Der Knud ist Forscher ...

3. Der Knud ist Spitze, macht niemals Halt.
Er nimmt uns mit in den tollen Wald:
Da laufen wir zwischen Bäumen rum,
Schaun uns um. Und warum? Eben drum:
So erleben wir Natur – ganz pur!

Refrain 3:
Ja, wir sind Forscher
Und ganz schön neugierig!
Ja, wir sind Forscher,
Wir kriegen das raus.

Eiche, Farn & Specht

Kaum ein anderer Ort lädt zum Beobachten, Bespielen und Erforschen ein wie der Wald: Tiere und Pflanzen sind zu entdecken, Veränderungen im Lauf der Jahreszeiten zu beobachten und bei jedem Besuch gibt es Neues zu erleben. Kein Wunder also, dass der Wald als einer der besten Lernorte außerhalb von Kindergarten und Schule gilt!

Auch der sinnvolle Umgang mit den Gütern der Natur lässt sich am Beispiel des Waldes in anschaulicher Weise darstellen: „Nachhaltigkeit" ist hier das Stichwort, ein Begriff, der ursprünglich aus der deutschen Forstwirtschaft stammt und dort eine lange Tradition hat. Bezogen auf den Lebensraum Wald bezeichnet Nachhaltigkeit die Vorgabe, dem Wald nicht mehr zu

entnehmen als das, was nachwächst. Anders formuliert: leben von den Zinsen, nicht vom Kapital!
Wir möchten mit diesem Buch dazu einladen, den Lebensraum Wald als Erfahrungs- und Lernort für Kinder zu nutzen, und das möglichst ganzheitlich: mit Herz, Kopf und Hand. So können die Kinder sowohl spielerisch als auch forschend und experimentierend ihre Umwelt erfahren – und zugleich praktisch erleben, was sie selbst zum Schutz der Natur beitragen können.
Im Wald erleben und begreifen Kinder Tiere und Pflanzen hautnah: Krabbelnde Käfer können auf die Hand gesetzt, Nacktschnecken vorsichtig betastet und ein zartes Blatt gestreichelt werden. Dabei erlernen sie einen behutsamen Umgang mit den Lebewesen – und dass dies für Tiere und Pflanzen gleichermaßen gilt!

Die Buchinhalte

Mit jedem Kapitel dieses Buches setzen wir einen anderen Schwerpunkt: Im ersten Kapitel **„Wälder der Erde"** begeben sich die Kinder zunächst auf eine imaginäre Reise rund um die Welt. Sie lernen ebenso nordische Nadelwälder kennen wie die tropischen Regenwälder – die artenreichsten Lebensräume der Welt! Sie staunen über die unterschiedlichen Waldgesichter und die vielen Waldbewohner von Elch bis Jaguar. So erhalten sie einen Eindruck über die Vielschichtigkeit des Lebensraums Wald, bevor sie sich den Wäldern vor der eigenen Haustür widmen.
In **„Buche, Eichel, Moos und Farn"** stehen die **Pflanzen** unserer heimischen Wälder im Vordergrund. Die Kinder lernen Baumarten zu unterscheiden, experimentieren mit Pflanzenfarbstoffen und beobachten, wie aus Eicheln und Kastanien Keimlinge heranwachsen, die schließlich zu kleinen Bäumen werden.
„Fuchs und Hase, Fink und Specht" entführt die Kinder in die aufregende Welt der **Waldtiere.** Sie gehen auf Dämmerungspirsch, testen die Sprungweiten der Waldtiere, beobachten mit der Lupe Ameisen, die kleinen Giganten des Waldes, und erfahren wie Tiere sich tarnen, um von Fraßfeinden nicht entdeckt zu werden.
Mit **„Frühling, Sommer, Herbst und Winter"** begeben wir uns auf die Spur der **Jahreszeiten** im Wald. Hier werden blühende Patenbäume gesucht, Sommer-Sammel-Ketten gebastelt und wir untersuchen, warum manche Bäume im Herbst ihre Blätter abwerfen. Im Winter werden die Tierspuren im Schnee bestimmt.
Das abschließende Kapitel **„Unser Wald – unsere Zukunft"** widmet sich dem Thema der nachhaltigen Entwicklung. Inwiefern ist der Wald Vorbild für perfektes Recycling? Was passiert mit Müll im Wald? Wer kümmert sich um das Verrotten von Blättern? Und welche Bedeutung hat der Wald als „grüne Lunge" der Erde? Experimente zeigen, was passiert, wenn Wald verbrennt und wie Kohlendioxid entsteht. Zudem beschäftigen sich die Kinder mit dem Thema Papier, denn: Papier besteht aus Bäumen!

Wir wünschen – auch im Namen von Knud – viel Spaß bei spannenden Expeditionen in die Wälder und beim Umgang mit diesem Buch! Der Wald ist für Kinder Abenteuerspielplatz und Forschungsfeld zugleich. Lassen Sie sich von ihrem Entdeckerdrang mitreißen und freuen Sie sich auf 1000 kleine und große Entdeckungen!

Birthe Hesebeck
Mara Meske

Wälder der Erde

Rund um den Globus prägen neben Wasser, Eis, Graslandschaften und Wüsten große Wälder das Erscheinungsbild unserer Erde. Bäume gedeihen überall dort, wo genügend Regen fällt und es nicht zu kalt ist. In Trockengebieten überleben sie nur, wenn ihre Wurzeln das Grundwasser erreichen, so z.B. in den Oasen der Wüsten. In den Grenzbereichen des Lebens, also bei starker Trockenheit oder Kälte, gehen die Wälder in trockene Gras-Savannen, kalte, baumlose Tundren oder Wüsten über.

Die größten Waldgebiete der Erde sind die tropischen Regenwälder rund um den Äquator, z.B. der Amazonas-Regenwald in Brasilien, und die Nadelwälder der kalten bis gemäßigten Gebiete der Nordhalbkugel in Finnland, Schweden oder Norwegen.

Je nach klimatischen Bedingungen bilden die Wälder der Erde verschiedene Waldformen aus:

- **Nadelwälder** mit Fichten, Lärchen und Kiefern finden sich knapp unter den Polarregionen, in gemäßigten Breiten und bis in den mediterranen Raum hinein. Sie sind besonders typisch für Skandinavien und Kanada.
- Sommergrüne **Laubwälder** bestehen aus Laubbäumen wie Eiche, Buche, Esche, Birke und Ahorn, die sich über die gemäßigten Zonen Amerikas, Europas und Asiens erstrecken.
- **Hartlaubgehölze** sind an sommertrockene und winterfeuchte Gebiete angepasst. Sie finden sich z.B. im Mittelmeerraum mit typischen Pflanzen wie Lorbeer, Steineiche und Olive. Charakteristisch für die meist immergrünen Pflanzen der Hartlaubgehölze sind ihre harten Blätter, eine filzige Blattbehaarung und aromatische Stoffe.
- **Regengrüne Wälder** gedeihen in den subtropischen Gebieten, so z.B. in Zentral-Thailand. Sie liegen in Zonen mit einer ausgeprägten Trockenzeit von zwei bis fünf Monaten. Meist werfen die großen, subtropischen Laubbäume in der Trockenzeit ihr Laub ab und grünen zur Zeit der Monsun- und Passatregenfälle.
- **Immergrüne, tropische Regenwälder** finden sich um den Äquator zwischen 10 Grad nördlicher und 10 Grad südlicher Breite. Besonders berühmt sind die Amazonas-Regenwälder in Südamerika, aber auch Indonesien und der Kongo oder Kamerun in Afrika beheimaten dieses einzigartige Ökosystem. Durchschnittlich fallen meist weit über 2.000, mitunter bis zu 10.000 Millimeter Regen, mehr oder weniger über das ganze Jahr verteilt – das ist im Durchschnitt vier- bis 20-mal so viel wie in Deutschland. Sie besitzen die größte Artenvielfalt aller Wälder: In ihnen sind über zwei Drittel aller Arten weltweit beheimatet! Unter anderem sind sie der Lebensraum für viele vom Aussterben bedrohte Arten: Orang-Utans, Gorillas, Tiger u. v. a.
- **Mangrovenwälder** sind tropische Wälder, die im salzigen Meerwasser wachsen. Die typische Baumart ist – wie der Name schon sagt – die Mangrove: ein Baum mit stelzenförmigen Luftwurzeln, der sich an die extremen Bedingungen angepasst hat wie kein zweiter! Die Mangrove kommt mit dem schwankenden Wasserstand zurecht und überlebt, obwohl sie die „Füße" immer im Nassen hat.

In diesem Kapitel fliegen die Kinder mit Knud einmal um die Erde und lernen ein paar der typischen Waldformen genauer kennen: Nadelwälder, Mischwälder, Regenwälder – was ist das Typische und das Besondere an ihnen? Welche Pflanzen und Tiere sind in ihnen beheimatet? Viele der Waldtiere sind den Kindern bereits aus dem Zoo bekannt – wollen wir doch einmal schauen, wie es dort aussieht, wo sie leben!

Mensch Kinder, wusstet ihr schon, dass in den Regenwäldern so viele Tiere und Pflanzen leben wie sonst nirgends auf der Welt?! Einige der Tiere kennt ihr bestimmt: den Tiger, den Orang-Utan, den Jaguar, die schillernden Kolibris und die Riesenschlange Anakonda. Habt ihr Lust, mit mir eine Reise um die Welt zu machen? Ich würde gerne alle Wälder dieser Welt besuchen und schauen, wie es dort aussieht und wer dort lebt!

Da gibt es die Nadelwälder im kalten Norden. Elch und Rentier sind dort zu Hause und im Winter liegt auf den Fichten viel Schnee. War jemand von euch schon einmal da? In Schweden, Norwegen oder Finnland?

Dann die Laub- und Mischwälder hier bei uns. Na, da kennt ihr bestimmt eine ganze Menge Tiere, die dort leben: der Fuchs, der Hirsch oder das Wildschwein zum Beispiel. Kennt ihr auch ein paar Bäume? Die Kastanie, den Ahorn und die Buche?

Wenn wir dann weiter nach Süden fliegen, kommen wir zum Mittelmeergebiet. Dort ist es im Sommer sehr warm und trocken – und die Wälder haben meist harte Blätter, die die heiße Sonne gut vertragen – sogar ganz ohne Sonnenbrand zu bekommen!

Und noch weiter im Süden, wenn wir ganz nah am Äquator sind, wo die Sonne fast genau von oben auf uns herabbrennt, sehen wir unter uns die tropischen Regenwälder mit Bäumen, die höher sind als ein Hochhaus: üppig, riesig und grün! Manche tropischen Wälder wachsen sogar direkt an der Küste im salzigen Meer! Sie haben einen komischen Namen: Mangrovenwälder! Darauf bin ich schon total gespannt – wie die wohl aussehen?

Auf jeden Fall haben sich all diese Wälder prima an das Leben auf der Erde angepasst! Die einen an die Trockenheit, die anderen an die Kälte und die nächsten an den vielen Regen. Und sie alle sorgen dafür, dass wir gute Luft und ein stabiles Klima auf der Erde haben. Deshalb müssen wir gut auf sie aufpassen und dafür sorgen, dass sie erhalten bleiben.

Die Wälder von oben

Wollt ihr auch mehr über die Wälder der Erde erfahren? Kommt, wir stellen uns einfach vor, dass wir mit einem Heißluftballon einmal rund um die Erde fliegen. Und wir schauen dabei runter und halten nach den Wäldern der Erde Ausschau. Jedes Mal, wenn wir einen großen Wald entdecken, landen wir, um ihn zu erkunden. Habt ihr Lust? Na, dann mal los!

Alter: ab 4 Jahren
Material: evtl. Globus

Die Kinder suchen mithilfe der Spielleitung auf der Karte (→ S. 12) oder auf dem Globus den hohen Norden und lassen sich von Knud Schweden, Finnland und Norwegen zeigen. Sie folgen einer geraden Linie Richtung Süden über Deutschland hinweg bis zum Äquator und zu den tropischen Regenwäldern Afrikas (Kongo, Kamerun, Gabun).
Wenn alle wissen, wo die Reise langgehen soll, stellen sich die Kinder im Kreis um die Spielleitung mit Knud herum auf. Während Knud die gemeinsamen Erlebnisse schildert, ahmen die Kinder seine Bewegungen nach und spielen die Abenteuer pantomimisch mit.

Alles einsteigen, hinein in den Heißluftballon und Leinen los (Knud klettert pantomimisch in den Korb und löst die Leinen)! *Und schon schweben wir davon* (leichtes Hin- und Herschaukeln im Stehen) *immer höher und höher* (strecken). *Da ergreift uns eine Windböe und wirbelt uns Richtung Norden* (drehen und Windgeräusche machen). *Es wird immer kälter* (bibbern, zittern, Zähne klappern). *Lasst uns mal raus schauen, wir müssten bald da sein* (runter schauen, Hand über den Augen).
Oh ja, ich sehe Wald – lasst uns landen (jubelnd hochspringen, aus dem Korb klettern). *Lauter Nadelbäume stehen dicht bei dicht* (Arme seitlich vom Körper schräg nach unten ausgestreckt). *Schwerer Schnee liegt auf den Ästen, aber zum Glück wird es Frühling und der Schnee taut* (Schnee abschütteln). *Die Bäume erwachen aus der Winterruhe* (Augen reiben) *und fangen an zu wachsen* (auf Zehenspitzen stellen, Arme nach oben recken). *Oh, schaut mal, da sind auch Waldbewohner unterwegs: Ein großer Elch stapft* (stapfen) *durch den Wald. Auf der Stirn trägt er ein großes Geweih* (mit den Fingern Geweih formen). *Langsam wird mir aber nun doch kalt* (bibbern und Arme reiben) , *lasst uns wieder nach Süden fliegen!* (einsteigen, winken, davonfliegen).
Hach, wie gut, es wird wieder wärmer. Schaut mal hinunter (über den Korb lehnen und nach unten zeigen), *da unten ist unser Kindergarten / unsere Schule! Sollen wir mal winken* (winken)? *Unter uns wiegen sich die grünen Laubwälder* (Arme hochstrecken und hin und her wiegen). *Aber wir wollen noch weiter, oder? Lasst uns weiter in den Süden fliegen – auf in den tropischen Regenwald* (fliegen andeuten)! *Oh, seht ihr die riesigen Bäume unter uns? Festhalten, wir sind da, wir landen! Uff, da wären wir. Kommt, wir steigen aus* (aus dem Korb klettern). *Puh, ist das heiß hier* (Schweiß abwischen). *Und nun? Lasst uns in den Wald gehen und einen Gorilla suchen!* (im Kreis herum gehen). *Puh, sind die Büsche dicht* (mit den Armen die Äste wegschiebend gehen). *Da: eine Spur* (bücken und Spur betrachten)! *Ob die vom Gorilla ist? Na, dann aber leise* (Finger vor den Mund, auf Zehenspitzen gehen)! *Hier geht* es *lang ... und dann rechts rum ... und links rum* (im Wechsel rechts und links im Kreis herum gehen). *Vorsicht, ein Bach – da müssen wir drüber* (springen). *Psssst! Habt ihr das gehört* (schleichen, plötzlich erschrocken aufkreischen)? *Da ist er* (erschrocken zurückspringen)! *Nichts wie weg* (in die andere Kreisrichtung laufen)! *Über den Bach* (springen), *links rum und rechts rum* (in schnellen Wechseln Laufrichtung im Kreis ändern), *unter den Büschen hindurch* (bücken) *und weiter, schneller* (rennen)! *Puh, gerettet* (aufatmen, stehen bleiben)! *War der groß, der Gorilla! Was ein Glück, dass er uns nicht gesehen hat. Kommt, wir fliegen erst einmal wieder nach Hause und berichten, was wir erlebt haben* (einsteigen, fliegen, landen).

Fichtenpiekser oder Streicheltanne?

Erinnert ihr euch noch an unsere Reise zu den Elchen in den hohen Norden? Da haben die Bäume keine Blätter wie unsere Laubbäume, sondern Nadeln und heißen deshalb eben „Nadelbäume". Klar, die kennen wir aus unseren Wäldern auch, und zu Weihnachten gibt's einen geschmückten Tannenbaum. Tannen und Fichten sind sich ganz schön ähnlich! Ein Förster hat mir neulich einen Trick verraten, wie wir Tannen und Fichten ganz einfach unterscheiden können – den will ich jetzt mal ausprobieren!

Alter: ab 5 Jahren
Material: 1 Fichten- und 1 Tannenzweig, Lupe, Kreide oder Seile

Vorbereitung
Der Fichtentest ist ganz einfach: Die Fichtennadeln sind sehr hart, spitz und pieksen in die Finger, wenn die Kinder sie vorsichtig betasten. Tannennadeln dagegen sind stumpf. Ein Blick mit der Lupe macht dies noch deutlicher: Tannennadeln sind vorn abgerundet!

Aktionsablauf
Die Kinder stellen sich in zwei Gruppen gegenüber an einer Mittellinie auf. Jeweils 5 bis 10 Schritte hinter den Gruppen wird eine Linie gezogen: Dort ist das sichere Gruppennest.
Ein Kind nimmt den Fichtenzweig in die eine und den Tannenzweig in die andere Hand und versteckt beide hinter seinem Rücken. Das gegenüberstehende Kind aus der anderen Gruppe darf wählen: rechte oder linke Hand? Der ausgewählte Zweig wird zum kurzen Betasten nach vorn gestreckt.
Ist es eine Fichte, ruft das tastende Kind: *„Achtung, Fichtenpiekser"* und alle Kinder seiner Gruppe laufen so schnell wie möglich in ihr Nest. Die andere Gruppe läuft hinterher um sie abzuschlagen. Wer vor Erreichen seines Nestes abgeschlagen wird, wechselt in die andere Gruppe.
Ist es jedoch eine Tanne, die das Kind ertastet, ruft es: *„Achtung, Streicheltanne"* und alle Kinder aus seiner eigenen Gruppe versuchen die Kinder der anderen Gruppe zu fangen, ehe diese ihr sicheres Nest erreichen.
Für die nächste Runde erhält ein beliebiges Kind aus der anderen Gruppe die Zweige. Das Spiel läuft, bis alle außer Puste sind oder eine Gruppe die andere komplett eingefangen hat.
Hinweis: Gerade vor Weihnachten werden oft Fichten als Tannen verkauft. Tannen sind meist teurer und begehrter, weil sie weniger nadeln. Beim nächsten Weihnachtsbaumkauf also unbedingt den Fichtenpieksertest machen!

Die Nadeln der **Nadelbäume** sind auch Blätter, nur können diese bis zu zehn Jahre alt werden. Durch ihre feste Oberhaut und eine zusätzliche Wachsschicht sind sie vor Austrocknung oder gegen Kälte gut geschützt. Daher bleiben bei den meisten Nadelbäumen die Nadeln ganzjährig grün am Baum.

Die Samen von Nadelbäumen reifen in Zapfen. Anhand der Zapfen und der Nadeln lässt sich eine Nadelbaumart leicht bestimmen.

Die Nadeln der **Gewöhnlichen Fichte** sind kurz und spitz. Die langen, hellbraunen Zapfen hängen nach unten. Sie sind 10–15 cm lang, 3–4 cm breit und länglich zylindrisch geformt. Sie fallen das ganze Jahr über hinunter.

Die **Gemeine Kiefer** hat lange und spitze Nadeln. Ihre graubraunen, matten Zapfen sind nur 3–7 cm lang und haben eine eiförmige, kegelige Form.

Die Nadeln der **Lärche** sind sehr weich und in Büscheln angeordnet. Die Zapfen haben eine Länge von 4 cm und sind schmal eiförmig. Die Lärche ist der einzige Nadelbaum, der im Herbst die Nadeln abwirft.

Die **Tanne** hat strohige, stumpfe Nadeln, die nicht stechen. Ihre Zapfen stehen senkrecht auf den Zweigen und sind von der Größe her ähnlich wie Fichtenzapfen. Doch sie zerfallen nach der Samenreife direkt auf dem Baum – man kann also nie ganze Tannenzapfen auf dem Boden finden!

Das farblose Harz der **Douglasie** riecht stark nach Zitrone. Ihre Nadeln sind weich und flach. Sie wirft ihre hängenden, braunen Zapfen, die 5–10 cm lang sind, als Ganzes zu Boden.

Nadeln sind auch Blätter

Ich habe gehört, dass Nadeln eigentlich auch Blätter sind, bloß sind sie viel schmaler. Neulich hab ich mir mal eine Tannennadel ganz genau angesehen und sogar ein bisschen daran gekratzt, weil ich wissen wollte, ob noch etwas darin steckt. Dabei habe ich gespürt, dass die Nadel von einer festen Schicht umgeben ist. Ob das wohl der Grund ist, warum sie vor Kälte so gut geschützt ist, dass sie auch im Winter am Baum bleibt – was meint ihr?

Alter: ab 5 Jahren
Material: Lupe, Plastiktüten

Schritt 1
Die Kinder sammeln kleine Zweige mit Nadeln von Nadelbäumen wie Lärche, Kiefer, Fichte und Tanne und zwei beliebige kleine Laubbaumzweige mit Blättern. Die Nadeln ordnen sie der Größe nach: Welche sind die kleinsten Nadeln und zu welchem Baum gehören sie? (Lärche) Welche sind die größten? (Kiefer) Welche Arten können die Kinder bereits erkennen und unterscheiden? (Fichte und Tanne)
Jetzt wird noch genauer untersucht: Die Kinder kratzen vorsichtig mit dem Fingernagel an der Oberfläche einer großen Nadel. Unter der Lupe können sie das abgekratzte Wachs erkennen, das die Nadel rund herum umgibt. Durch die Wachsschicht werden die Nadeln besser vor Austrocknung und Kälte geschützt als zarte Laubblätter.
Haben alle Nadeln so eine Wachsschicht? Die Kinder vergleichen die verschiedenen Nadeln miteinander und stellen fest: Bei der Lärche fehlt der Wachs! Deshalb wirft die Lärche als einziger Nadelbaum im Winter seine Nadeln ab, da sie sonst erfrieren würden.

Schritt 2
Die Kinder füllen ein paar Zweige von Nadelbäumen und grünen Laubbäumen in eine Plastiktüte und legen sie über Nacht ins Gefrierfach. Am nächsten Tag stellen sie fest: Kiefer, Fichte und Tanne waren durch ihre Wachsschicht und den kompakten Bau gut vor Frost geschützt – im Gegensatz zu den Lärchennadeln und den Laubblättern!

Licht im Laubwald

Wisst ihr, dass die Nadelwälder im Norden immergrün sind, da sie ihre Nadeln im Winter nicht abwerfen müssen? Die Laubwälder hier bei uns zu Hause verlieren dagegen jeden Herbst das Laub und sind im Winter kahl. Deshalb ist es im Nadelwald am Boden immer ziemlich dunkel. Im Laubwald fällt viel mehr Sonnenlicht auf den Waldboden, wenn die Bäume keine Blätter haben. Ob deshalb auch der Waldboden im Nadelwald anders aussieht als im Laubwald? Lasst uns mal nachschauen ...

Alter: ab 5 Jahren
Material: 8 Holzpflöcke (ca. 30 cm lang, 1 cm dick), rote Lackfarbe, Pinsel, Digitalkamera, Mal- und Schreibkladde
Ort: Laubwald und Nadelwald von Januar – Juni

Vorbereitung
Die Holzpflöcke werden mit der roten Farbe bemalt, sodass sie im Wald gut auffallen und sich leicht wiederfinden lassen.

Aktionsablauf

Sobald der Schnee geschmolzen ist bzw. vor Frühlingseinbruch besuchen die Kinder gemeinsam einen Laubwald. Dort suchen sie sich eine gut zugängliche Stelle und stecken mit vier Pflöcken eine Waldbodenfläche von 2–3 m² ab. Sie stecken die Pflöcke fest in die Erde, sodass sie im Laufe der nächsten Monate stecken bleiben und sich leicht wieder finden lassen. Die Kinder machen Fotos von der Fläche und schauen genau hin: Wie viel Bodenbewuchs ist zu sehen? Welche Pflanzen wachsen hier (vgl. Abb. S. 34)? Wie hell ist es auf dem Waldboden derzeit? Und wie dicht ist das Baumdach über der Fläche? Die gleiche Aktion wiederholen sie in einem heimischen Nadelwald.

In der Einrichtung legen die Kinder eine Waldboden-Kladde an, in der sie die vergleichenden Fotos einkleben und alle Beobachtungen aufmalen oder notieren.

Bis zum Sommer besuchen die Kinder jeden Monat einmal ihre beiden Waldflächen, vergleichen die Entwicklung, machen Fotos und tragen alles in ihre Kladde ein. Im Laufe der Zeit stellen sie fest, dass die Bodenbedeckung und die Lichtverhältnisse im Nadelwald sich kaum verändern. Im Laubwald dagegen sprießt in den Frühjahrsmonaten ein dichter grüner Bodenbewuchs, der das Licht, das noch durch die Baumkronen kommt, ausnutzt. Mit der Zeit schließt sich das Laubdach und es wird dunkler. Die Frühblüher verschwinden, das Grün auf dem Waldboden nimmt wieder ab.

Regen im Regenwald

Wisst ihr, warum der Regenwald „Regenwald" heißt? Genau, weil es dort so viel regnet! Der Regenwald befindet sich nämlich ganz nah am Äquator – dort, wo wir auf unserer Ballonreise dem Gorilla begegnet sind! Dort war es ja ziemlich warm, puh! Durch die heiße Sonne verdunstet tagsüber ganz viel Wasser. Das sammelt sich dann in riesigen Wolken über dem Regenwald. Und meistens am Nachmittag sind die Wolken so groß und schwer, dass sie als Regen wieder zu Boden fallen. Um herauszufinden, wie das genau geht, habe ich mir ein Experiment ausgedacht!

Alter: ab 5 Jahren
Material: wachsende Kresse, Glasschüssel

Die Kinder benetzen die Kresse mit etwas Wasser. Eine Glasschüssel wird darüber gestülpt und mit der Kresse in die Sonne gestellt.

Nach einiger Zeit beobachten die Kinder, wie die Schüssel beschlägt. Es bilden sich Wassertropfen, die wieder auf die Kresse tropfen: Es „regnet".

Erklärung: Durch die Sonnenstrahlen erwärmt sich die Luft unter der Glasschüssel. Das Wasser auf der Kresse wird als Wasserdampf an die Luft abgegeben. Ist die Luft im Glas voller Feuchtigkeit, wird der Wasserdampf fester: Es bilden sich Wassertröpfchen, die sich als feiner Regen an der Glasschüssel absetzen. Wenn sich genug Wasser gesammelt hat, tropft es ab und es „regnet".

Unter der fast senkrecht über dem Äquator stehenden Sonne verdunsten im Regenwald große Mengen Wasser, wodurch mächtige Wolken entstehen. Am Nachmittag sind die Wolken dann so schwer, dass sie als Regen wieder zu Boden fallen. Die Pflanzen nehmen ausgiebig Wasser auf. Im Laufe des nächsten Tages bringt die Sonne dieses wieder zum Verdunsten, sodass neue Wolken entstehen. Damit schließt sich der Kreis und der sogenannte „kleine Wasserkreislauf" entsteht. Es regnet also, anders als bei uns, täglich in den Nachmittagsstunden! Der Regenwald schafft sich so das feuchte Klima, das er braucht, selbst. Erst ein Verlust größerer Waldflächen kann dazu führen, dass der Wasserkreislauf unterbrochen wird. Sind keine Bäume mehr da, die den Regen auffangen, aufnehmen und das Wasser über die Verdunstung wieder abgeben, trifft das Wasser direkt auf den Boden. Hier versickert es oder fließt weg. Ehemalige Waldgebiete werden so zu Wüsten.

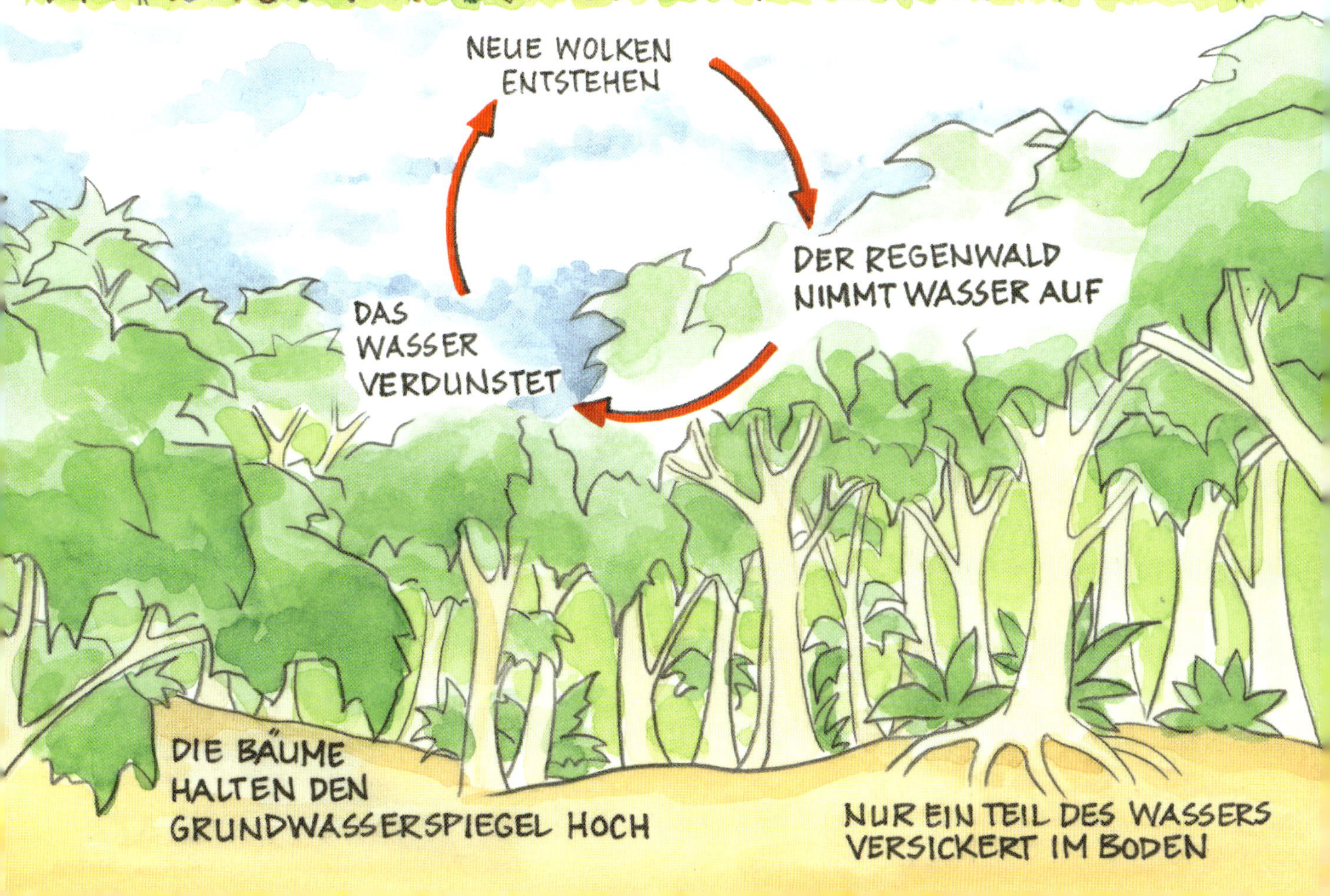

Baumriesen im Regenwald

Habt ihr schon davon gehört, dass die Bäume im Regenwald richtige Riesen sind? 60 Meter hoch können die werden – das ist ungefähr so hoch wie 30 erwachsene Menschen übereinander! Also, ich kann mir ja kaum vorstellen, wie hoch das ist – aber ich hab da so eine Idee …

Alter: ab 5 Jahren
Material: Tapetenrolle, Wachsmalstifte, kleine Plastikspielfiguren

Die Kinder rollen auf dem Boden eine Tapetenrolle aus. Sie knien sich vor das schmale Ende und zeichnen unten den Boden des Urwalds ein, sodass nach oben auf der Tapete ein riesiger Baum wachsen kann. Sie nehmen eine Plastikfigur und legen diese unten auf die Tapete, sodass sie auf dem Urwaldboden steht: So groß wäre also ein Erwachsener im Regenwald. Wie groß wäre dann ein Urwald-Baumriese? Die Kinder nehmen weitere Figuren und legen sie auf dem Papier übereinander, sodass 30 Figuren übereinander stehen. Darüber ziehen sie einen Strich, an den das letzte Blatt der Baumkrone reichen muss. Alle Kinder malen gemeinsam entsprechend der Größenmarkierung einen Urwaldbaumriesen auf die Tapetenrolle.
Ist der Baum fertig, wird das Plakat an die Wand gehängt. Die Kinder legen sich auf den Boden darunter, sodass sie ungefähr auf Augenhöhe mit der untersten Spielfigur sind, und schauen nach oben zur Spitze des Baumes. Ganz schön riesig, oder?

Mangrovenwälder bestehen aus Bäumen, die sich an die Lebensbedingungen der Meeresküsten angepasst haben: Sie können Salz einlagern oder überschüssiges Salz über Salzdrüsen ausscheiden. Zudem sind ihre Wurzeln an das Stehen in Schlick und Wasser angepasst: Da die Wurzeln von Pflanzen Sauerstoff für die Zellatmung benötigen, dieser aber in den Schlickböden nicht zur Verfügung steht, sind die Wurzeln so geformt, dass sie auch bei Flut aus dem Wasser ragen.
Aufgrund der extremen Bedingungen im Gezeitenbereich der Meere haben sich in Mangrovenwäldern artenreiche Gemeinschaften von Lebewesen entwickelt. Hier teilen sich Meeres und Landorganismen den gleichen Lebensraum. Während in den oberen Stockwerken der Baum- und Strauchschicht Landbewohner wie Amphibien, Reptilien und Vögel leben, haben sich zwischen den Wurzeln echte Meeresbewohner angesiedelt, z.B. Heringe, die Jungtiere der Haie, Barrakudas, Schildkröten, Salzwasserkrokodile, Seekühe, Krebse und Garnelen.

Mangroven: Bäume im Meer

In manchen Regenwäldern ist es nicht nur heiß und feucht, sondern sie reichen sogar bis ins Meer hinein! Diese Regenwälder heißen Mangrovenwälder, weil dort lauter Mangrovenbäume wachsen. Besonders toll finde ich an Mangroven die Luftwurzeln! Die bilden ein richtiges Dickicht. Diese Bäume sind wirklich etwas Besonderes, weil sie mit den Füßen das ganze Jahr über im Wasser stehen können – ob unsere Bäume hier das auch könnten?

Alter: ab 5 Jahren
Material: 2 kleine Laub- oder Nadelbäumchen (oder junge selbst gezogene Pflanzen aus Kastanien oder Eicheln), 2 Blumentöpfe mit Erde, Übertopf; evtl. Mangroven-Setzlinge (z.B. im Aquarienbedarf)

Schritt 1
Die Kinder schauen sich die Abbildung der Mangrovenbäume an, suchen die Mangrovenwälder auf der Weltkarte (➔ S. 12) und benennen mithilfe der Spielleitung einige Länder. Mangrovenwälder befinden sich an den tropischen Küsten von Asien, Afrika und Mittelamerika.

Schritt 2
Die Kinder testen die heimischen Bäume auf ihre Reaktionen im Wasser: Sie pflanzen die Bäumchen in die Blumentöpfe und warten ein paar Tage, ob sie gut anwachsen.
Sind beide Pflänzchen gleich kräftig, wird ein Blumentopf in den Übertopf gestellt und dieser randvoll mit Wasser aufgefüllt. Ist das Wasser nach ein paar Tagen verdunstet, wird es wieder aufgefüllt. Das andere Bäumchen wird regelmäßig, aber nicht übermäßig gegossen.
Im Laufe der nächsten Tage und Wochen beobachten die Kinder die Entwicklung der beiden Bäumchen: Welches wächst schneller? Welches sieht kräftiger aus? Sie stellen fest, dass das eine Bäumchen gesünder wirkt als das andere – der Baumsetzling im Wasser geht nach und nach ein. Bevor er ganz eingegangen ist, wird der Versuch abgebrochen, damit sich das Bäumchen wieder erholen und weiter wachsen kann!
Erklärung: Bäume atmen auch durch ihre Wurzeln. Werden alle Poren des Bodens mit Wasser gefüllt, fehlt der Sauerstoff für die Wurzelatmung. Manche Bäume wie Erle und Weide haben sich an lange Überflutungen angepasst und können etliche Tage im Hochwasser vertragen, bei dauerhaften Überschwemmungen gehen aber auch sie ein. Die Mangroven dagegen haben stelzenförmige Luftwurzeln entwickelt, die auch bei Flut aus dem Meer ragen. Mangrovenwälder sind daher die einzigen Wälder, die auch im Meer wachsen!
Hinweis: Mangroven sind äußerst robuste Pflanzen und eignen sich deshalb auch für den Kindergarten. Vor allem im Aquarium entwickeln sie prächtige Luftwurzeln.

Die Wälder der Erde

Nr. 4

Text: Susanne Steffe, Musik: Dorle Ferber

Jetzt kennen wir uns ziemlich gut aus in den Wäldern unserer Erde – erinnert ihr euch noch an alle Besonderheiten, die wir entdeckt haben? Ich kenne ein Lied über die Wälder der Erde, das können wir zum Abschluss zusammen singen!

2. Von den Tropenküsten
Will ich nun berichten:
Im Lande Borneo
Ist das zum Beispiel so.
Mangroven steh'n am Strand,
Im Wald am Meeresrand.
Im Wasser wächst der Baum,
Das ist sein Lebensraum,
Während um ihn herum
Die Mücken eifrig surr'n.

Refrain:
Die Wälder der Erde sind ein kostbarer Schatz ...

3. Im Norden ist es kalt,
Da grünt der Tannenwald.
Doch in der Winterzeit
Trägt er ein weißes Kleid.
Fern in Sibirien,
Wo Nadelwälder steh'n,
Da schmiegt sich Baum an Baum,
So weit kannst du nicht schau'n!
Und frag dich bitte nicht,
Wo dieser Wald zu Ende ist.

4. In Nordamerika,
Denk mal an Kanada,
Da sehen die Bäume aus,
Fast wie bei uns zu Haus.
Und wenn der Herbst beginnt,
Leuchtet das Laub so bunt:
Wunderschön anzusehen,
Wie rot die Wälder glühen
In dieser kurzen Zeit,
Die dort Indian Sommer heißt.

Refrain:
Die Wälder der Erde sind ein kostbarer Schatz ...

Buche, Eichel, Moos und Farn: Pflanzen

Die Pflanzen des Waldes haben eine große Bedeutung für unser Leben. Sie spenden Feuchtigkeit und beeinflussen den Wasserhaushalt. Sie produzieren Sauerstoff, filtern die Luft, stabilisieren das Klima, bieten Schutz vor Lawinen, Steinschlägen und Bodenerosion und verringern die Windstärke. Darüber hinaus spielt der Wald eine wichtige Rolle bei Erholung und Freizeit. Er bietet Besuchern Ruhe, Entspannung und ein günstiges Erholungsklima, aber auch für sportliche Aktivitäten wird der Wald immer öfter aufgesucht. Und – nicht zu vergessen – der Wald liefert uns nicht nur Holz als Energieträger und Baumaterial, sondern auch Früchte, Pilze und Beeren für unsere Ernährung.
Normalerweise sind Wälder Ökosysteme mit der Fähigkeit zur Selbstregulierung – wenn sie nicht gestört werden, wachsen, gedeihen und erneuern sie sich von allein. Ursprünglich wuchsen in Deutschland hauptsächlich Buchen und Eichen. Nadelbäume waren nur in Gebirgen und ausgeprägt kontinentalen Klimagebieten wie im Nordosten vertreten. Unsere Wälder heute dagegen sehen ganz anders aus, denn sie sind größtenteils künstlich angelegte Wirtschaftswälder. Das heißt Bäume, die für Menschen nutzbarer sind als andere, wurden zusätzlich gepflanzt und andere wurden gefällt – bis so ganz neue Wälder entstanden sind. Als Folge dieser planmäßigen Forstwirtschaft sind heute die Nadelbäume auch bei uns weit verbreitet, denn Nadelbäume wachsen schneller als Laubbäume und können deshalb auch früher geerntet werden. Daher gehören heute – neben Buchen und Eichen – Kiefern und Fichten zu den vier Hauptbaumarten in Deutschland.
Buchen- und Buchenmischwälder, meist mit Stiel- und Traubeneiche gemischt, sind in Deutschland weit verbreitet. Sie wachsen sowohl auf sauren als auch auf basischen, reichen Böden und bilden unsere häufigsten Laubwälder. Im Frühling, wenn das Kronendach noch viel Licht durchlässt, finden sich hier je nach Bodenbeschaffenheit unterschiedliche Frühblüher, z.B. Schlüsselblumen, Leberblümchen und im Kalk-Buchenwald Buschwindröschen.
Eichen-Hainbuchenwälder sind ebenfalls recht häufige Laubwälder. Sie gedeihen besonders auf feuchten bis nassen Böden. Durch das unregelmäßige Kronendach kommt mehr Licht auf den Boden, daher sind diese Wälder ganzjährig strauch- und krautreicher. Dort wachsen beispielsweise Scharbockskraut, Buschwindröschen, hohe Schlüsselblumen, Veilchen, Sternmieren, Erdbeeren und Goldnesseln.
In den **Fichtenwäldern** dringt kaum ein Sonnenstrahl durch das Kronendach. Aber durch die schwer zersetzbare Nadelstreu können die typischen Fichtenwaldbegleiter gedeihen: Moose und Farne, aber auch Heidelbeeren, Sauerklee, Waldschachtelhalme und Bärlapp.
Die **Kiefer** ist ein genügsamer Baum und besiedelt sowohl sehr trockene Standorte als auch nasse Moo-

re. Der Charakter und Unterbewuchs von Kiefernwäldern hängt von den unterschiedlichen Standorten ab. Oft wachsen in Kiefernwäldern Pflanzen wie Himbeere, Straußgras und Adlerfarn sowie Schwarzer Holunder und Traubenkirsche. Auch zahlreiche Pilzarten wie z.B. Maronenröhrling und Kiefernsteinpilz lassen sich dort finden.

So zeigt sich in jedem Waldtyp ein anderes Bild von Pflanzen und Tieren.

In diesem Kapitel entdecken die Kinder auf sinnliche Art den Wald in ihrer Umgebung, lernen verschiedene Baumarten und deren Früchte kennen und legen einen Keimlings-Garten an. Auch andere Waldpflanzen werden vorgestellt und aufgezeigt, wie mit diesen ein Waldbild gestaltet werden kann.

Ein Wald besteht natürlich aus ganz vielen Bäumen – einige kennt ihr bestimmt, z.B. Buchen, Eichen oder Fichten. Bäume gehören zu den größten Lebewesen der Erde und können auch sehr viel älter werden als andere Lebewesen. Der älteste Baum in Deutschland ist eine Eiche. Sie ist mindestens 1200 Jahre alt. Was meint ihr, wie groß die wohl ist und wie dick ihr Stamm sein muss ... Ob es in unserem Wald auch so alte Bäume gibt?

Aber im Wald gibt es ja nicht nur Bäume, sondern auch ganz viele andere tolle Pflanzen, z.B. Moose. Die können sich fast wie ein Schwamm mit Wasser vollsaugen. Oder es gibt Flechten, die sehen aus wie ein blättriger Belag auf Felsen und Baumstämmen. Meine besonderen Lieblingspflanzen sind die Farne. Diese Pflanzen mit ihren gefiederten Blättern gehören zu den ältesten Pflanzen der Erde. Farne sind so alt, dass auch die Dinosaurier sie wohl schon gefressen haben! Dann gibt's in den Wäldern auch viele duftende Kräuter wie das Buschwindröschen oder den Waldmeister und ganz unterschiedliche Sträucher.

Tja, ihr seht, im Wald wachsen nicht nur Bäume, sondern ganz verschiedene Pflanzen, die ich mir alle gerne mal genauer angucken möchte. Habt ihr Lust, mit mir die Pflanzen im Wald zu erkunden?

Waldentdeckertour

Heute geh'n wir in den Wald! Habt ihr euren Rucksack schon gepackt? Oh, ich bin ganz aufgeregt ... da gibt es so viele Sachen, die ich noch nicht kenne. Lasst uns auf Waldentdeckertour gehen!

Alter: ab 4 Jahren
Material: großes Tuch
Ort: Wald

Die Kinder begeben sich in Zweiergruppen auf Entdeckertour durch den Wald. Als erstes machen sie sich auf die Suche nach einem besonders schönen

Baum, den sie genau betrachten und betasten. Wie sieht der Baum aus? Können sie durch das Blätterdach noch den Himmel sehen? Können sie Wurzeln am Boden erkennen? Wie sehen die aus und wie fühlen sie sich an? Wie fühlt sich der Stamm an? Ist er rau oder glatt? Hat die Rinde einen bestimmten Geruch? Auf ein vereinbartes Zeichen hin finden sich die Kinder wieder bei der Spielleitung ein und berichten von ihren Erkundungen.

Beim nächsten Ausschwärmen suchen die Paare nach etwas Weichem, z.B. Moos, Farn, Blätter o.Ä., und nehmen davon ein kleines Stück mit zur Spielleitung. Diese breitet ein Tuch auf dem Waldboden aus und die Kinder legen ihre gesammelten Materialien darauf. Jedes Kind befühlt die Naturbestandteile und es wird beratschlagt, welcher der Weichste ist. Wissen schon ein paar Kinder, was sie da alles gefunden haben?

Weitere Suchaufträge können folgen, z.B. etwas Dünnes (Zweige, Federn, Blätter ...), etwas Hartes (Steine, Rinde, Stöcke ...) oder etwas Duftendes (Kräuter, Beeren, Blumen ...). Jedes Kinderpaar bringt pro Suchauftrag nur ein Stück mit und es werden max. fünf Sammelaufträge nacheinander gestellt.

Am Ende der Aktion liegen auf dem Tuch verschiedene Waldmaterialien, von denen sich jedes Kind eines aussuchen und als „Andenken" mit nach Hause nehmen darf. Der Rest verbleibt im Wald.

Hinweis: Die Spielleitung achtet hier wie bei allen folgenden Aktionen darauf, dass die Kinder behutsam mit allen Pflanzen umgehen. Entweder sammeln sie nur lose herumliegende Waldmaterialien ein oder sie knicken vorsichtig nur ein Blatt oder eine Blüte ab, um sie mitzubringen.

Wir geh'n auf Waldsafari-Tour

Nr. 6

Text: Hartmut E. Höfele, Musik: Günter Geisinger

Wie wunderbar, was es im Wald alles zu entdecken gibt. Das ist fast wie eine Reise in eine ganz andere Welt. Früher haben die Menschen zu einer langen Reise auch „Safari" gesagt. Hihi, das heißt, wir machen eine Waldsafari-Tour!

2. Die Fichten und die Kiefern, die Eibe und der Tannenbaum:
Sie alle tragen Nadeln, und das ihr Leben lang.
Die Nadeln, die sind spitz – na klar, die machen „pieks"!

Refrain: Heut geht's raus in die Natur ...

3. Das Moos und auch die Pilze, Sträucher, Gräser und der Farn,
Die finden wir im Wald, kommt lasst uns suchen geh'n.
Heute wollen wir zusammen auf Waldsafari geh'n.
Heute wollen wir gemeinsam nach den Bäumen seh'n.

4. Die Eicheln und Buchecker, die Beeren und das grüne Gras,
Die fressen Tiere gerne, das sehn wir aus der Ferne.
Heute wollen wir zusammen auf Waldsafari geh'n.
Heute wollen wir gemeinsam nach den Bäumen seh'n.

Blätter: rund, gezackt, oval

Als ich gestern im Wald war, ist mir aufgefallen, dass die Blätter der Bäume gar nicht alle gleich aussehen. Komisch! Vielleicht hat das damit zu tun, dass die Bäume ja auch nicht alle gleich aussehen? Ha, ich habe eine Idee, wie wir das herausfinden können: Wir sammeln verschiedene Blätter und vergleichen sie ganz genau miteinander.

Alter: ab 5 Jahren
Material: Lupe, Kleister, Tapetenrolle, Stifte
Ort: Wald/Einrichtung

Vorbereitung
Die Spielleitung kopiert die Abbildungen von S. 29/30 einmal vergrößert, wenn möglich in Farbe.

Aktionsablauf
Die Kinder sammeln im Wald Blätter von verschiedenen Laubbäumen und sortieren diese nach Formen. Welche Blätter sehen sich ähnlich und gehören vermutlich zur gleichen Baumart? Gibt es welche mit Zacken? Sind andere eher rund oder oval? Ist der Blattrand gesägt oder glatt? Hat das Blatt feine Haare auf der Unter- oder Oberseite? Wer genau hinsehen will, nimmt die Lupe zu Hilfe.
Zurück in der Einrichtung werden die Blätter mit den Abbildungen verglichen. Jedes Blatt wird einem Baum zugeordnet und mit etwas Kleister auf einen großen Bogen Tapetenrolle geklebt. Die Kinder schneiden die einzelnen Baumabbildungen aus der Kopie aus und kleben sie zu dem entsprechenden Blatt.
Der Name des Baumes kann zusätzlich mithilfe der Spielleitung darunter geschrieben werden.
Am Ende wird die Tapetenrolle aufgehängt, sodass die Kinder die Blätter und Abbildungen jederzeit gut erkennen können.

BIS 35 METER

GRÜNE KNOSPEN

BLÄTTER FÜNFFINGRIG

BERG-AHORN

EDELHOLZ
HANDFÖRMIGE BLÄTTER
BERGMISCHWALD

BIRKE

BIS 25 METER

HERZFÖRMIGE, GESÄGTE BLÄTTER

FLUGFÄHIGE SAMEN

WEISSE RINDE

PIONIERBAUMART
(BESIEDELT LEERE FLÄCHEN)

SEHR GIFTIG

EINER DER ÄLTESTEN BÄUME

EIBE

BIS 25 METER

KANN ÜBER 700 JAHRE
ALT WERDEN

EICHE

TRAUBENEICHE:
EICHEL DIREKT AM
ZWEIG, BIS 35 METER

STIELEICHE:
STIELE AN EICHEL,
BIS 40 METER

EBERESCHE / VOGELBEERE

BIS 20 METER

VÖGEL FRESSEN
BEEREN -
NACH DER AUS-
SCHEIDUNG SAMEN
KEIMFÄHIG

GEFIEDERTE BLÄTTER

ESCHE
BIS 40 METER
SCHWARZE KNOSPEN
GEFIEDERTE BLÄTTER
ELASTISCHES, STABILES HOLZ, DAS NACH MELONE RIECHT
HELLBRAUNE KNOSPEN
BIS 40 METER
ROTBUCHE
BLÄTTER SIND GLATT
SAMEN HEISSEN „BUCHECKERN"
WEISSES, HARTES HOLZ
GEZAHNTE, KLEINE BLÄTTER
HAINBUCHE
BIS 20 METER
BIS 30 METER
WEISSE, KERZENARTIGE BLÜTEN
SCHWARZER HOLUNDER
STRAUCH BIS 7 METER
FRÜCHTE HEISSEN „KASTANIEN"
WEISSES HOLZ
SCHWARZE BEEREN
GROSSE BLÄTTER
ROSSKASTANIE

Welche Frucht zu welchem Baum?

Wisst ihr, welche Frucht oder Nuss zu welchem Baum gehört? Das ist gar nicht so einfach, obwohl die Namen meistens sehr ähnlich sind. Wir können ja ein kleines Ratespiel machen: Wer errät als Erster den Namen von verschiedenen Früchten und Nüssen?

Alter: ab 4 Jahren
Material: Blatt-Baum-Tapete (s. „Blätter: rund, gezackt oval" S. 28), Tuch, transparentes Klebeband; evtl. Taschentücher

Vorbereitung

Die Spielleitung sammelt passend zur Blatt-Baum-Tapete je eine Frucht bzw. Nuss, z.B. Eicheln, Holunderbeeren, Bucheckern und Kastanien. Findet sie weitere Früchte oder Nüsse, nimmt sie zusätzlich ein Blatt mit und ergänzt dieses auf der Tapete, z.B. mit einem aus dem Internet ausgedruckten Baumbild.

Aktionsablauf

Die Kinder sitzen im Kreis um die ausgelegte Tapetenrolle herum. Alle Früchte und Nüsse sind unter einem Tuch verborgen. Ein Kind zieht unter dem Tuch tastend eine Frucht oder Nuss hervor und zeigt sie allen Kindern. Wer den Namen weiß, darf raten, zu welchem Blatt auf der Tapetenrolle diese Frucht oder Nuss gehört. Dabei können sich die Kinder auch an der Abbildung orientieren. Wer Frucht oder Nuss richtig zuordnen konnte, legt sie auf die Tapetenrolle zu ihrem Blatt und darf die nächste unter dem Tuch hervorziehen.

Sind alle Früchte und Nüsse auf der Tapetenrolle verteilt, werden sie ebenfalls neben den zugehörigen Blättern aufgeklebt.

Variante für ältere Kinder

Die Abbildungen auf der Tapetenrolle werden mit Taschentüchern verdeckt, sodass nur die aufgeklebten Blätter sichtbar sind. Nacheinander werden die Nüsse und Früchte benannt und den Blättern zugeordnet. Um die Zuordnung zu überprüfen, lüftet das Kind das Taschentuch und vergleicht die Frucht oder Nuss mit der Abbildung.

Keimlings-Garten

Ich habe da doch noch vom letzten Herbst einige Kastanien übrig – also, wenn ich die jetzt in die Erde pflanze, ob da wohl ein richtiger Baum draus wächst? So ein richtig großer Kastanienbaum? Hm, wird wohl 'ne Weile dauern, aber einen Versuch ist es wert!

Alter: ab 6 Jahren
Material: ein 10 cm tiefer Blumentopf pro Kind, Gartenerde (oder Erde aus dem Wald), Digitalkamera, Zettel, Schreibsachen, Maßband, 1 Hefter pro Kind
Ort: Wald/Garten

Unter Eichen oder Kastanien suchen die Kinder einzelne Früchte aus dem vergangenen Jahr. Am einfachsten ist es, Früchte zu nutzen, die bereits sprießen.
Jedes Kind fotografiert seinen Keimling, bevor es ihn 2–3 cm tief in den Topf mit Erde setzt.

Jedes Kind bastelt sich ein einfaches kleines Schild, das unten spitz zuläuft, und schreibt darauf den Namen seines Keimlings und seinen eigenen Namen. Die Schilder werden laminiert und mit der Spitze in die Töpfe gesteckt.

Jedes Kind legt einen Hefter für seinen Keimling an, in dem es die ausgedruckten Digitalfotos sammelt und notiert, welche Art von Keimling es ist, wo und wann es ihn gefunden und wann es ihn eingepflanzt hat.

Wenn möglich werden die Töpfe ins Freie gestellt, denn sie dürfen nicht zu warm stehen. Die Kinder beobachten und gießen ihre Keimlinge regelmäßig und fotografieren jedes neue Wachstumsstadium. Außerdem messen sie die Größe ihrer Pflanzen mit dem Maßband nach und notieren sie mit Datum neben jedem neuen Foto im Hefter. Die Kinder vergleichen ihre Pflanzen einmal pro Woche und tauschen sich über die Unterschiede aus.

Wird der Pflanze der Topf zu klein, muss sie entweder in einen größeren Topf oder gleich ins freie Gelände umgepflanzt werden. Ideal wäre ein Platz auf dem Gelände der Einrichtung oder in der Nähe, damit die Kinder ihren Baum weiterhin beobachten können.

Baumkrone und Wurzelraum

Ich frage mich, wie ein Baum eigentlich wächst. Der hat ja gar keinen Mund wie wir, mit dem er essen kann? Das muss mit den Wurzeln zu tun haben, hab' ich mir gedacht, und wieder den Förster gefragt. Und tatsächlich: Ein Baum braucht auch Wasser und besondere Nährstoffe, so wie wir, hat er erzählt. Und die holt er mit den Wurzeln aus der Erde und transportiert sie bis ganz nach oben in die grünen Blätter! Das klappt allerdings nur, wenn er seine Wurzeln unter der Erde gaaaaanz weit verzweigt, damit er möglichst viele Nährstoffe abbekommt. Wie weit wohl die Wurzeln von so einer großen Buche reichen?

Alter: ab 4 Jahren
Ort: Wald

Die Kinder suchen im Wald eine große Buche. Sie schauen nach oben zum Blätterdach und stellen sich vor, wie der Baum durch die Wurzeln in der Erde Nährstoffe und Wasser aufnimmt und sie durch den Stamm bis nach oben zu den Blättern schickt. Sie zeigen sich gegenseitig, für wie lang sie die Wurzeln des Baums unter der Erde halten: eine Armlänge, zwei oder mehr?
Jedes Kind sucht sich einen langen Stock und geht damit zum Baumstamm. Alle Stöcke werden sternförmig um den Stamm herum auf den Boden gelegt. Die Kinder suchen weitere Stöcke und verlängern ihre Linie so weit, wie noch Blätter der Buche über ihnen zu sehen sind.
Ist der Baumkronenrand erreicht, bleiben alle Kinder am Ende ihrer Stocklinie stehen und betrachten den entstandenen Kreis um den Baumstamm: Der Wurzelraum dieses Baums ist ungefähr so groß wie der Kreis, in dem die Kinder stehen! Die Stocklinien verdeutlichen die Wurzeln unter der Erde.

Mein Pflanzenbuch

Ist euch schon einmal aufgefallen, was für wunderschöne kleine Pflanzen und Blüten es im Wald gibt? Ich meine, die Bäume sind schon echt beeindruckend – aber der Wald hat so viel mehr zu bieten: Die tollen Farne natürlich oder das weiche Moos, duftende Kräuter und natürlich leckere Pilze und Klee …

Alter: ab 6 Jahren
Material: Tuch, Zeitungspapier, viele Bücher, DIN-A4-Papier, Kleister, 1 Hefter, Schreib- und Malsachen
Ort: Wald/Einrichtung

Schritt 1
Die Kinder streifen durch den Wald und sammeln Waldkräuter (z.B. Buschwindröschen, Waldsauerklee, Waldmeister oder Waldbeere), Farne, Waldschachtelhalme und Blätter, Blüten oder Früchte von Sträuchern (z.B. Haselstrauch, Heidelbeere oder Holunder). Zurück in der Einrichtung trocknen sie alle Fundstücke kurz mit einem Tuch ab, vor allem regennasse Pflanzen. Die Pflanzenteile legen sie zwischen Zeitungspapier, beschweren sie mit Büchern und lassen alles für ca. eine Woche zum Trocknen liegen.
Danach werden die gepressten Pflanzen, Blätter und Blüten vorsichtig aus dem Zeitungspapier herausgenommen.

Schritt 2
Auf je ein DIN-A4-Blatt wird die gesamte Waldpflanze, ein besonders schönes Blatt oder eine Blüte aufgeklebt. Darunter schreiben die Kinder den Namen der Pflanze.
Alle Waldpflanzen werden nach dem Alphabet sortiert und in einem Schnellhefter zusammengeheftet. Die Kinder gestalten den Umschlag des Hefters individuell, indem sie ihn mit gepressten Blüten und Blättern bekleben oder bunt bemalen. Fertig ist das Waldpflanzenbuch – und kann auch im nächsten Jahr noch als „Bestimmungsschlüssel" dienen!

Variante
Für ein komplettes Bestimmungsbuch für Waldpflanzen werden zusätzlich die gepressten Blätter, Blüten und Früchte von Bäumen ergänzt (→ S. 28 / 31).

BRUNNENLEBERMOOS
MOOSE
GABELZAHNMOOS
WEISSMOOS
GOLDENES FRAUENHAAR
BÄRLAUCH
WALDSAUERKLEE
WALDKRÄUTER
PILZE
SCHACHTEL-
HALM
FARNE
BART-
FLECHTE
HUNDSFLECHTE
BLASEN-
FLECHTE
FLECHTEN
RENTIERFLECHTE

Waldbild aus Naturfarben

Wisst ihr was Tolles? Mit Pflanzen kann man auch malen! Guckt mal, selbst ein Stock macht einen Strich auf weißem Papier. Vielleicht können wir auch mit den Blüten verschiedene Farbtöne auf ein weißes Blatt bringen? Das muss ich unbedingt sofort ausprobieren!

Alter: ab 5 Jahren
Material: Papier, Schreibunterlagen, Tapetenrolle; evtl. Wasserfarben
Ort: Wald

Die Kinder bilden Zweiergruppen und erhalten ein weißes Blatt mit Schreibunterlage. Sie suchen im Wald verschiedene Pflanzenteile und probieren aus, welche Pflanze welchen Farbton auf dem Papier hinterlässt. Dazu wird ein Pflanzenteil fest auf das weiße Papier gedrückt und verrieben. Es eignen sich Blüten, Blätter, Früchte, Beeren oder auch Hölzer und Wurzeln. Manche Pflanzen sind auch für eine Überraschung gut: Das gelb blühende Johanniskraut z.B. wird auf dem Papier lila! Grüne Gräser und braune Erde lassen sich ebenfalls als Farben nutzen, indem sie mit dem Finger auf das Papier gerieben werden. Mit besonders harten Erdklumpen können schwarze Umrandungen gezeichnet werden.
Nachdem alle Kinder verschiedene Pflanzenteile ausprobiert haben, wird ein Stück der Tapetenrolle ausgebreitet. Gemeinsam gestalten sie darauf ein großes Waldbild aus Naturfarben. Dazu nutzen sie die Pflanzen, die in der Testphase den schönsten Farbton hinterlassen haben.
Das fertige Waldbild wird in der Einrichtung an einem Ehrenplatz aufgehängt.

Variante für ältere Kinder

Die mit Pflanzenfarben bemalte Tapetenrolle wird in der Einrichtung erneut ausgebreitet. Die Kinder ergänzen das Bild vorsichtig mit Wasserfarben, ohne die Pflanzenfarben zu überdecken: Sie mischen Farbtöne, die zu den Pflanzenfarben passen, und füllen damit weiß gebliebene Stellen, gestalten die Übergänge zwischen den Pflanzenfarbtönen oder heben einzelne Pflanzenfarben hervor, indem sie diese nachmischen und darüber malen. Am Ende entsteht ein flächiges Kunstwerk aus Pflanzen- und Wasserfarben.

Fuchs und Hase, Fink und Specht: Tiere

Der Wald bietet vielen Tieren eine Heimat. Dort finden sie Schutz und ausreichend Nahrung für sich und ihren Nachwuchs. Ohne Wald könnte weder der Hirsch, unser größtes Waldtier, noch die winzige Waldameise existieren. Aber auch der Wald könnte ohne seine Bewohner nicht bestehen, denn jede Tierart hat ihren eigenen Nutzen für das Ökosystem Wald. Welche Tiere allerdings in einem Wald leben, hängt von dem Nahrungsangebot ab, also letztlich von der Pflanzenvielfalt. Je vielfältiger die Pflanzenwelt in einem Wald ist, desto artenreicher ist die Tierwelt.

Diese Artenvielfalt kann nebeneinander existieren, weil der Wald ein Leben auf verschiedenen Etagen ermöglicht. Viele Tierarten leben auf engem Raum, ohne sich Konkurrenz zu machen. Sie gehen sich dadurch regelrecht aus dem Weg, da die einen auf dem Boden und die anderen in den Baumwipfeln leben. Andere Tierarten sind wiederum durch Nahrungsketten direkt miteinander verbunden, d. h. eine Tierart ist die Nahrung einer anderen. In diesem Netz aus Nahrungsketten hat jede Tierart ihren Platz, sodass ein ökologisches Gleichgewicht herrscht.

Im Waldboden z. B. wimmelt es nur so vor Leben: Regenwürmer, Asseln, Tausendfüßler und viele weitere wirbellose Tiere lockern den Boden auf, reichern ihn mit organischen Stoffen an und bilden wichtige Nährstoffe. Auch die Waldvögel nutzen alle Waldebenen: Manche nisten in Baumkronen, andere in Baumstämmen und manche sogar am Boden.

Weitere Waldbewohner sind Amphibien, z.B. Frösche, Kröten und Lurche, die eine feuchte Vegetation auf dem Waldboden zum Leben brauchen.

Fuchs, Dachs, Reh, Hirsch und Wildschwein sind die bekanntesten Wald-Säugetiere. Aber auch Maulwurf, Igel, Marder, Iltis, Wiesel, Eichhörnchen und Waldspitzmaus leben dort. Die Säugetiere bewohnen ebenfalls verschiedene Ebenen: Der Maulwurf lebt unter der Erde, Fuchs, Reh und Hirsch auf dem Waldboden und das Eichhörnchen bewegt sich oft auf den Baumwipfeln.

Leider sind die Bedingungen im Wald nicht immer ideal, da der Mensch das ökologische Gleichgewicht schon vor langer Zeit gestört hat. Die Klimaerwärmung fördert beispielsweise die Vermehrung von Schädlingen, die den Baumbestand gefährden. Durch die Ausrottung des Wolfes in den deutschen Wäldern ging auch seine reinigende Funktion als Aasfresser verloren. Außerdem hat der Wolf für die Gesunderhaltung der Wildpopulationen gesorgt, indem er kranke Tiere erbeutete. Zu viel Wild kann im Wald Schäden anrichten und das Gleichgewicht stören. Dennoch gilt der Wald nach wie vor als der stabilste Lebensraum.

In diesem Kapitel lernen die Kinder verschiedene Waldtiere kennen: Sie beobachten die Waldbewohner, zeichnen sie und basteln Tierkunstwerke. Das Leben der Waldvögel wird spielerisch erschlossen und Ameisen unter die Lupe genommen, um am Ende das große Nahrungsnetz im Wald zu erkunden.

Es gibt sehr, sehr viele Tierarten im Wald und ich würde sie gerne alle kennenlernen und erfahren, wie sie so leben. Mein Freund, der Fuchs hat mir erzählt, dass seine Familie in fast allen Wäldern auf der Erde zu Hause ist, weil sich Füchse so gut anpassen können. Mein Freund lebt in Erdbauten, und wenn es dunkel wird oder schon Nacht ist, geht er auf die Jagd. Er ist nämlich ein Raubtier und frisst Kaninchen, Mäuse und Tauben. Einmal habe ich mit dem Fuchs ein Eichhörnchen beobachtet: Das lebt auf dem Baum und baut sich dort gleich mehrere Nester aus Zweigen, Blättern und Moos. Das Eichhörnchen frisst Pflanzen, also Knospen, Nüsse und die Samen der Bäume, aber auch andere Tiere wie Schnecken, Insekten und Vogeleier. Oh, und der Fuchs hat mir erzählt, welches Tier das allergrößte im Wald ist. Dieses Tier kann sich sehr gut wehren, weil es ein großes Geweih hat: Ich meine das Rotwild, den Hirsch und die Hirschkuh. Wie die wohl genau aussehen und wie die so leben? Das konnte der Fuchs mir nicht so genau erzählen – da muss ich mich wohl selbst mal auf die Pirsch begeben …

Tiere in der Dämmerung

Die Tiere im Wald lassen sich am besten am Abend und Morgen beobachten, wenn es dämmrig ist. Dazu müssen wir aber ganz leise sein, weil die Tiere uns sonst hören und sich verstecken. Und wir brauchen sehr viel Geduld und Glück, um die scheuen Waldtiere zu sehen. Aber vielleicht entdecken wir ja ein Eichhörnchen, das den Baumstamm hochrennt, oder eine Maus, die etwas zu fressen sucht. Und hoffentlich können wir ein paar Vögel beobachten – die singen immer so schön …

Alter: ab 5 Jahren
Material: Sitzkissen
Ort: Wald

Vorbereitung
Im Vorfeld erkundet die Spielleitung eine Route, die an Waldrändern und Lichtungen entlangführt. Dazu ist eine Absprache mit dem zuständigen Forstamt sinnvoll. Dort können auch Tipps für gute Tierbeobachtungsstellen erfragt werden. Meist eignen sich größere Lichtungen am besten zur Tierbeobachtung. Da die Kinder in Kleingruppen auf die Pirsch gehen, wählt die Spielleitung je nach Gesamtgruppengröße mehrere Lichtungen aus und vereinbart einen gemeinsamen Treffpunkt.

Aktionsablauf

Die Kinder wandern in Kleingruppen mit je einem Betreuer so leise wie möglich am Waldrand entlang und lassen sich schließlich an einer größeren Lichtung nieder. Dabei achten sie darauf, dass der Wind von vorn, also der Gruppe entgegenweht, damit die Tiere keine Witterung aufnehmen und sich versteckt halten.

Hat jedes Kind einen bequemen Platz auf seinem Kissen gefunden, schließen alle die Augen, um die Waldgeräusche bewusst wahrzunehmen. Nach 2–5 Min. werden die Augen wieder geöffnet und die Kinder beobachten schweigend die Lichtung. Entdeckt ein Kind ein Tier, weist es zeigend und in ruhigen Bewegungen darauf hin.

Die Kinder achten auf die Verhaltensweisen des Tieres: Benutzt die Maus die Pfoten beim Fressen? Wie viele Kreise dreht der Bussard, ohne mit den Flügeln zu schlagen? Wo raschelt etwas und welches Tier könnte das sein? Gibt es Waldtiere, die direkt bei der Gruppe auf dem Boden zu sehen sind, z.B. Spinnen, Ameisen oder Käfer? Welche Tiere können zwar nicht gesehen, aber gehört werden, z.B. Vögel?

Werden die Kinder unruhig oder zeigen sich keine Tiere mehr, machen sie sich auf den Weg zum Gruppentreffpunkt. Dort tauschen alle ihre Erfahrungen untereinander aus. Welche Gruppe hat welche Waldtiere gesehen oder sogar genau beobachtet? Welche Tiere wurden gehört oder durch Blätterrascheln o.Ä. erahnt? Die Kinder überlegen mit der Spielleitung: Welche Tiere leben noch im Wald, die nicht gesehen wurden?

Variante

Jedes Kind überlegt sich ein Waldtier und macht dieses der Gruppe mit Bewegungen und Tierlauten vor. Wer das richtige Tier errät, stellt sein Waldtier als nächstes vor.

FUCHS
WILDSCHWEIN
MARDER
WIESEL
EICH-
HÖRNCHEN
WALDSPITZMAUS
REH
HASE
HIRSCH

Im Wald sind wir zu Haus

Nr. 8

Text: Susanne Steffe, Musik: Dorle Ferber

Jetzt haben wir schon einige Waldtiere kennengelernt, aber es gibt ja noch so viel mehr! Das ist schon toll, wie die alle so friedlich miteinander im Wald leben. Vielleicht liegt das daran, dass jedes Tier einen guten Platz für sich gefunden hat? Also der Maulwurf z.B., der buddelt unter der Erde, Reh und Wildschwein leben auf dem Waldboden und Specht und Eichhörnchen oben auf den Bäumen.

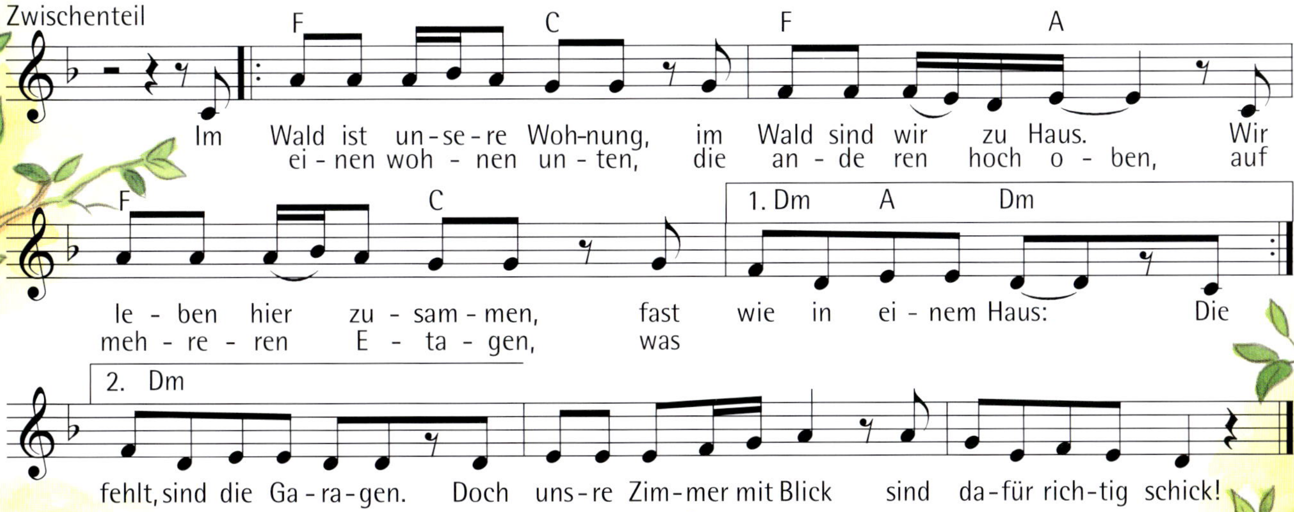

2. Das Wildschwein lebt einen Stock weiter oben,
Da wühlt es sich besser im lockeren Boden.
Und – das ist kein Quatsch:
Es suhlt sich im Matsch!
Rehe und Hirsche, die wohnen auch da,
Für uns sind sie meistens unsichtbar.
Außer ihr seid so leise
Wie die Waldameise.

Zwischenteil: Im Wald ist unsere Wohnung ...

Refrain: Hier im Wald sind wir daheim ...

3. Oben im Baum hockt ein Vogel im Nest:
Gut versteckt zwischen Laub und Geäst.
Und er singt in die Ferne,
Das macht er so gerne.
Die Spinne kann ihr Haus alleine bau'n:
Sie webt sich ihren Wohnungstraum.
Ein wunderbar feines Netz –
Pech für den, der sich setzt.

Zwischenteil: Im Wald ist unsere Wohnung ...

Getarnte Tierkunstwerke

Meine Freunde, die Waldtiere, können sich alle richtig gut verbergen. Wenn Menschen in den Wald kommen, haben sie Angst und verstecken sich. Deshalb ist es nicht immer ganz einfach sie zu beobachten. Aber ich hab' da eine Idee: Wir gestalten einfach selbst Tiere mitten im Wald, die wir schon immer mal sehen wollten. Und damit sie gut in den Wald passen, basteln wir sie aus Stöcken, Erde und Blättern! So sind sie bestimmt auch weiterhin gut getarnt und schwer zwischen Bäumen und Sträuchern zu entdecken – was meint ihr?

Alter: ab 5 Jahren
Material: evtl. Digitalkamera
Ort: Wald

Zwei bis vier Kinder suchen sich jeweils einen Platz im Wald, an dem sie ein Tier aus Naturmaterialien bauen möchten. Die tatsächliche Größe des Tieres spielt dabei keine Rolle: Eine Spinne kann einen Durchmesser von 3 m haben, während ein Fuchs mit einer Größe von wenigen Zentimetern aus einem Mauseloch hervorschaut.
Die Tiere werden aus verschiedenen Waldmaterialien zusammengestellt: Eine Astgabel wird zum Hirschgeweih, ein Frosch entsteht aus Moos und aus Erde wird ein Wildschwein geformt, dessen Borsten Fichtennadeln sind ...
Sind alle Kunstwerke fertig, versuchen die Kinder die Tiere der anderen Gruppen zu entdecken. Da sie aus Naturmaterialien gefertigt sind, können sie schnell übersehen und zertreten werden – Achtsamkeit ist also auch bei den Kunst-Tieren gefragt!

Variante

Die fertigen Tierkunstwerke werden fotografiert, ausgedruckt und in der Einrichtung als Erinnerung an die Waldtiere aufgehängt.

Tierweitsprung

Wisst ihr, wie weit ein Eichhörnchen springen kann? Oder ein Fuchs? Ob ich wohl so weit springen kann wie eine Maus? Ganz schön fit, die Tiere, da muss ich mich richtig anstrengen!

Alter: ab 5 Jahren
Material: 8 DIN-A4-Tonkartonseiten, Klebstoff, Schreibsachen, Maßband
Ort: Wald

Vorbereitung
Die Spielleitung kopiert die Abbildungen von S. 39 vergrößert und schneidet Waldmaus, Eichhörnchen, Baummarder, Hase, Fuchs, Wildschwein, Reh und Rothirsch einzeln aus.
Jedes Tier klebt sie auf einen Tonkarton und schreibt seinen Namen und die Sprungweite aus der Liste in großen Zahlen dazu.

Aktionsablauf
Die Kinder suchen mit der Spielleitung im Wald für eine Sprungbahn eine möglichst gerade Fläche von ca. 2 x 10 m ohne Bäume. Sie befreien die Fläche von Ästen und Steinen. Eine der kurzen Seiten wird als Start festgelegt und mit Ästen gekennzeichnet.
Die Kinder stellen Vermutungen an, wie weit verschiedene Waldtiere wohl springen können. Die Spielleitung nennt ihnen dazu nacheinander die Tiere von den Karten. Jedes Kind geht vom Startpunkt aus so weit auf die Sprungbahn, wie es glaubt, dass das Tier springen kann, und bleibt dort stehen. Die Spielleitung misst mit dem Maßband die richtige Entfernung und legt die Karte am Rand der Sprungbahn an diese Stelle. Welches Kind hat die Sprungweite erraten?
Dies wird für jedes Tier wiederholt, bis alle Tierkarten an der richtigen Stelle liegen.
Wie weit können die Kinder selbst im Vergleich dazu springen? Nacheinander testen sie ihre Sprungweite. Wer springt so weit wie eine Maus oder sogar wie ein Eichhörnchen? Kann der beste Springer der Gruppe mit Anlauf so weit springen wie ein Marder?

Waldtier	**Sprungweiten**
Waldmaus	70 cm
Eichhörnchen	90 cm
Baummarder	1,50 m
Hase	2 m
Fuchs	2,80 m
Wildschwein	4 m
Reh	6 m
Rothirsch	9 m

In Deutschland brüten ca. 240 **Vogelarten.** Die meisten von ihnen leben in Wäldern. Vögel finden im Wald Schutz vor Feinden, Nahrung und Nistmöglichkeiten, aber auch Licht und Wärme. Viele Vögel ernähren sich von Samen, Knospen, Beeren und Früchten oder von den Säften der Bäume, aber auch von Würmern, Raupen, Insekten, Schnecken und Larven. Die Vögel tragen somit dazu bei, dass sich einzelne Insektenarten nicht übermäßig verbreiten und Schäden im Wald anrichten können.

Vögel und Wald stehen in enger Beziehung zueinander. Denn nicht nur die Vögel ernähren sich von den Früchten und Samen, auch einige Pflanzen des Waldes sind auf die Verbreitung durch Vögel angewiesen. Die Samen von Weißdorn, Heidel- und Vogelbeere beispielsweise werden von den Vögeln gefressen und später meist unbeschadet etwas weiter entfernt wieder ausgeschieden. Das erhöht die Chance für die Pflanze auszukeimen, denn in der Nähe des Baumes oder des Strauches würden die Keimlinge nicht ausreichend Licht und Nährstoffe erhalten, um wachsen zu können.

Wir bauen ein Vogelnest

Manche Waldbewohner sind besonders schwer zu entdecken, aber dafür oft gut zu hören – genau, ich meine die Waldvögel! Da gibt es z.B. Bunti, den Buntspecht, Finki, den Buchfink, Kauzi, den Waldkauz und noch so viele andere Vögel ... Einmal bin ich auf einen Baum geklettert und habe ein altes, leeres Vogelnest entdeckt: Das war ein richtiges geflochtenes Kunstwerk und außerdem sehr weich. Es muss auch weich sein, denn wenn die Vogelküken schlüpfen, sollen sie es weich und vor allem warm haben. Die Vögel haben mir zugezwitschert, dass sie ihr Nest mit Moos, Federn, Gräsern und manchmal auch mit Haaren auspolstern. Ob wir auch so ein weiches Nest bauen können?

Alter: ab 4 Jahren
Ort: Wald

Je zwei Kinder spielen Vogeleltern, die ein Nest bauen. Zunächst versuchen sie ein Nestgerüst aus Zweigen und stabilen Gräsern zu bauen. Dabei erleben sie wie schwierig das ist – und wie geschickt die Vögel sind! Nach kurzer Zeit beratschlagen die Kinder mit der Spielleitung und Knud, was die Vögel besser machen: Sie bauen ihr Nest an geeigneten Stellen, z.B. in Astgabeln oder in kleinen Baumhöhlen. Also graben die Kinder in einem zweiten Versuch Mulden in den Waldboden, legen diese mit Ästen aus und gehen im Wald auf die Suche nach weichen Füllmaterialien wie Gräsern, Moos, Federn usw. Vielleicht entstehen sogar fantasievolle Besonderheiten: ein mit Blütenblättern bunt geschmücktes Nest, eines mit Überdachung als Regenschutz oder es ragt eine selbst gebastelte Blatt-Fahne aus einem Nest ...

Sind alle Kinder fertig, präsentieren sie sich gegenseitig ihre Nester. Welches Nest ist am besten gelungen? Welches Nest ist das Schönste, das Weichste, das Kreativste, das Größte oder Kleinste? Alle Nester werden so gekürt, dass jedes Kinderpaar eine Auszeichnung erhält.

Auf Futtersuche

Im Frühling schlüpfen die ersten Vogelkinder und haben großen Hunger. Dann steht viel Arbeit für die Vogeleltern an, denn sie müssen Insekten und Raupen zum Füttern finden. Die Raupen sind aber sehr geschickt und tarnen sich. Das heißt, sie sehen einfach so aus wie Baumrinde, Blätter oder Zweige. Da müssen die Vogeleltern genau hingucken, wo sich eine Raupe versteckt!

Alter: ab 5 Jahren
Material: je 20 Zahnstocher in 5 verschiedenen Farben
Ort: Wald

Vorbereitung
Je drei Kinder spielen eine Vogelfamilie mit zwei Eltern und einem Kind. Auf einer Lichtung legen alle Vogeleltern am Rand eines großen Kreises mit ca. 10 m Ø für ihr Kind aus vier Ästen ein Nest. Die Spielleitung zeigt jeder Vogelfamilie die verschiedenfarbigen Zahnstocher und verstreut diese als Raupen innerhalb des Kreises auf dem Waldboden.
Alle Vogelkinder setzen sich in ihr Nest und machen hungrige Piepgeräusche. Die Eltern hocken sich neben das Nest und wärmen ihr Kind, indem sie ihm einen Arm um die Schultern legen.

Aktionsablauf

Auf ein Startsignal „fliegt" abwechselnd je ein Vogelelternteil los, um eine Zahnstocher-Raupe zu finden und sie zum Vogelkind zu bringen. Das andere Elternteil bleibt währenddessen bei dem Jungen, um es zu wärmen. Jeder Vogel darf immer nur eine Raupe auf einmal transportieren! Das Spiel endet nach ca. 10 Min., wenn die Vogeleltern nur noch selten eine Raupe oder gar keine Raupen mehr finden.

Jede Vogelfamilie zählt, wie viele Raupen sie von welcher Farbe gesammelt hat. Den Kindern wird auffallen, dass sie mehr Raupen mit auffälligen Farben gefunden haben. Raupen, die sich farblich dem Untergrund gut anpassen, werden seltener gefunden. Die Spielleitung spricht mit den Kindern über die Bedeutung von Tarnfarben, die Tiere vor Fressfeinden schützen.

Ameisen unter der Lupe

Manche Waldtiere sind nicht ganz so schwer zu entdecken wie Rehe oder Vögel, weil sie weniger scheu sind, z.B. die Ameisen. Die sind allerdings so klein, dass wir beim ersten Blick gar nicht so genau erkennen können, wie eine einzelne Ameise eigentlich aussieht. Meistens krabbeln ja auch mehrere durcheinander, und auf einem Ameisenhaufen wimmelt und kribbelt und krabbelt es so, dass mir ganz schwummerig vor Augen wird – puh! Ich hab da aber eine Idee, wie wir uns das Tier mal genau angucken können!

Alter: ab 4 Jahren
Material: Becherlupen, zarter Haarpinsel oder Papier; evtl. Zeichenmaterial + Unterlagen
Ort: Wald (in der Nähe eines Ameisenhügels)

Die Kinder gehen zu zweit auf die Suche nach einer Ameise. Um dem kleinen Tier keine Beine oder Fühler zu brechen, nehmen sie es vorsichtig mit einem Pinsel auf und lassen es sanft in die Becherlupe gleiten. Alternativ lassen sie die Ameise auf ein Stück Papier und von dort in die Becherlupe krabbeln.

In der Becherlupe beobachten sie die Ameise ganz genau: Hat sie Fühler am Kopf? Wie viele? Wozu benutzt sie die Fühler? Sind bei der Ameise Augen zu erkennen? Wie viele Beine hat die Ameise?

Die Erkenntnisse werden in der ganzen Gruppe ausgetauscht und besprochen, bevor die Kinder ihre Ameisen dort wieder freilassen, wo sie sie gefunden haben.

Variante für ältere Kinder

Die Kinder suchen sich im Wald einen Sitzplatz und zeichnen die Ameise in der Becherlupe so naturgetreu wie möglich mit Bleistift nach.

Wieder in der Einrichtung vergleichen sie ihre Skizze mit der Abbildung auf S. 47 und korrigieren ggf. ihre Zeichnung. Die fertige Skizze malen sie ebenfalls entsprechend der Abbildung und aus dem Gedächtnis farbig aus.

Ameisen gibt es fast überall auf der Welt. Sie sind sehr nützliche Tiere, da sie den Boden verbessern. Sie beugen Krankheiten vor, weil sie Abfall und tote Tiere abtransportieren. Außerdem dienen sie anderen Tieren, z.B. Vögeln, als Nahrung.

In unseren heimischen Wäldern leben Ameisen in großen Nestern zusammen, die sie aus Tannennadeln bauen. Zum Teil können riesige Hügel im Wald bestaunt werden, an denen die Ameisen jahrelang gebaut haben.

Der Körperbau der Ameise gliedert sich – wie bei allen Insekten – in Kopf, Brust und Hinterleib. Am Kopf der Ameise befinden sich zwei Fühler, mit denen sie Luftströmungen, Temperaturschwankungen und Gerüche wahrnehmen kann. Statt Füßen haben Ameisen zwei Krallen und dazwischen einen Haftapparat, sodass sie immer sicheren Halt finden. Mit ihren Vorderbeinen reinigt die Ameise auch ihre Fühler.

Ein typischer Ameisenstaat besteht fast nur aus Weibchen. Die Königin ist meist die größte Ameise im Bau. Sie legt die Eier und sorgt so für den Nachwuchs. Die kleinen Arbeiterinnen bauen und bewachen das Nest und füttern die Königin und die Brut.

Die geflügelten Männchen leben nur im Frühjahr. Sie begatten auf ihrem Hochzeitsflug die Jungköniginnen, dann sterben sie.

Die Arbeiterinnen legen oft lange Wege zurück, um Futter zu finden. Wenn sie etwas gefunden haben, setzen sie Duftmarkierungen auf den Boden. Diesen Duft nehmen die anderen Ameisen mit ihren Fühlern wahr und folgen ihr.

Ameisen-Duftspur

Ameisen sind ja schon spannende Tiere. Aber ich frage mich, wie sie ihre Nahrung finden. Und warum laufen Ameisen anderen Ameisen bloß immer hinterher?

Alter: ab 6 Jahren
Material: Plastikbox, fester Pinsel, Paraffinöl, Apfelstück, Papier oder zarter Pinsel, Tuch
Ort: Wald (in der Nähe eines Ameisenhügels)

Die Kinder streichen die Plastikbox am oberen Rand mit dem Pinsel mit Paraffinöl ein, damit die Ameisen nicht über den Rand klettern und flüchten.
Ein Kind nimmt das Apfelstück und legt es in eine Ecke der Box. Es drückt mit seinem Finger auf das Apfelstück und reibt daran, damit sein Finger etwas Apfelduft annimmt. Mit dem Finger zieht es auf dem Boden der Box vom Apfelstück ausgehend eine gerade Linie bis zur diagonal gegenüberliegenden Ecke, sodass eine gerade Duftspur entsteht.

Die Kinder suchen nach einer Ameise, setzen sie mit Papier oder Pinsel vorsichtig an den Anfang der Duftspur und beobachten sie: Was macht sie? Nimmt sie die Duftspur auf? Findet sie das Apfelstück?
Hinweis: Für weitere Versuche reinigen die Kinder die Box von den alten Duftspuren.

Varianten

- Die Kinder legen eine geschlängelte Duftspur – läuft die Ameise Slalom?
- Findet die Ameise das Apfelstück auch dann, wenn die gelegte Duftspur unterbrochen wurde, indem die Spur an einer Stelle mit einem sauberen Finger verwischt wird oder ein Stein darauf gelegt wird? Was ist zu beobachten? Folgt die Ameise weiterhin der Spur? Wie geht sie mit den Hindernissen um?

Jedes Lebewesen und jeder Organismus ist wichtig für die Ökologie des Waldes. Die vielseitigen Verknüpfungen zwischen Tieren und Pflanzen werden in der Biologie in einer **Nahrungspyramide** dargestellt. Diese verdeutlicht, dass die Biomasse, also die gesamte Masse aller Organismen einer Ebene, von Ebene zu Ebene geringer wird.

Die Pflanzen, die durch Fotosynthese Sonnenenergie in Nährstoffe umwandeln, bilden die Basis und werden als „Produzenten" bezeichnet. Von Pflanzen ernähren sich bestimmte Tiere: Die Pflanzenfresser, z.B. Raupe, Reh und Hase, werden auch „Konsumenten erster Ordnung" genannt. Die Tiere jeder Ebene sind von denen ihnen vorausgehenden abhängig und können ohne diese nicht überleben.

Die „Konsumenten zweiter Ordnung" sind fleischfressende Tiere, z.B. Igel, Sperling und Baummarder, deren Nahrung wiederum aus Pflanzenfressern besteht.

Auch diese Tiere haben wiederum Fressfeinde, die als „Konsumenten dritter Ordnung" bezeichnet werden. Dies sind z.B. Fuchs, Uhu oder Habicht.

Insekten, Weichtiere und Mikroben, z.B. Regenwurm, Ameise und Mistkäfer, zersetzen Tierleichen und Pflanzenreste. Sie sorgen für die Wiederverwertung des Abfalls und die Reinhaltung des Waldes. Sie werden als „Destruenten" bezeichnet.

Eine Tierart hat meistens mehrere Beutetiere und selbst auch verschiedene Fressfeinde. Diese vielseitigen Verknüpfungen werden „Nahrungsnetz" genannt.

Ein großes Nahrungsnetz

Wisst ihr, dass jedes Tier und jede Pflanze wichtig für den Wald ist? Die meisten meiner Freunde, also viele Waldtiere, fressen Pflanzen. Dadurch nehmen sie die Nährstoffe dieser Pflanzen auf. Der Fuchs hat mir erklärt, dass er zwar keine Pflanzen frisst, aber andere Tiere, die vorher Pflanzen gefressen haben. Also: Wenn eine Raupe ein Blatt frisst, nimmt sie die Nährstoffe des Blattes auf. Dann kommt ein Vogel und verspeist die Raupe. Das ist auch ganz gut so, denn sonst würde es irgendwann viel zu viele Raupen geben. Mein Freund, der Fuchs, frisst dann den Vogel. Das ist zwar traurig für den Vogel, aber sonst würde ja der Fuchs verhungern – der verträgt nämlich keine Pflanzen, wenn er sie direkt fressen würde! So werden die Nährstoffe, die ursprünglich mal in dem Blatt waren, von Tier zu Tier weitergegeben. Das Tolle ist: Dadurch geht nix verloren! Das ist wie ein großes Netz: Alle Tiere und Pflanzen benötigen sich gegenseitig, um zu überleben.

Alter: ab 5 Jahren
Material: Wollknäuel
Ort: Wald

Auf einer Lichtung bilden die Kinder mit der Spielleitung einen Kreis. Die Spielleitung hält das Wollknäuel in der Hand und fragt: *„Welches Tier lebt im Wald?"* Wer ein Waldtier nennt, bekommt das ganze Wollknäuel zugeworfen.
Die Spielleitung fragt: *„Was frisst dieses Tier?"* oder *„Von wem wird dieses Tier gefressen?"* Das Kind, das die erste richtige Antwort ruft, bekommt das Knäuel zugeworfen. Dabei behält aber das erste Kind das Fadenende in der Hand, sodass sich ein Faden durch den Kreis spannt.
Die Spielleitung stellt wieder eine der beiden Fragen und das Knäuel wandert zum nächsten Kind. Jedes Kind behält den Faden in der Hand, sodass im Verlauf des Spiels ein tragfähiges Netz entsteht.

Mögliche Nahrungsketten im Wald:

- Ein Blatt wird von einer Made gefressen. Die Made wird von einem Sperling gefressen und der wiederum von einem Fuchs. Der Fuchs frisst aber auch eine Maus, die einen Samen gefressen hat. Samen werden aber auch von Eichhörnchen gefressen und der Marder frisst das Eichhörnchen …
- Blatt → Maus → Eule
- Laub → Regenwurm → Igel
- Heidelbeeren → Maus → Fuchs

Frühling, Sommer, Herbst und Winter: Jahreszeiten

Der Wald lässt sich immer wieder neu erleben, insbesondere durch den Verlauf der Jahreszeiten. Denn die Jahreszeiten mit ihren klimatischen Veränderungen haben große Auswirkungen auf Pflanzen und Tiere im Wald. So entstehen spannende Einblicke in den Kreislauf der Natur.

Im Frühling, der im März zaghaft beginnt, steht eine große Erneuerung für Tiere und Pflanzen an. Die Frühblüher sprießen aus der Erde. Sie brauchen viel Licht, das sie im Wald nur in dieser Zeit bekommen, wenn die Bäume noch keine Blätter tragen. Tiere, die Winterschlaf gehalten haben, erwachen und suchen nach Futter und die Zugvögel kehren zum Brüten aus ihren Winterquartieren zurück.

Im Sommer stehen viele Pflanzen in voller Pracht, auch die Bäume haben alle Blätter entfaltet und der ganze Wald erstrahlt in unterschiedlichen Grüntönen. Viele Waldtiere ziehen ihre Jungen auf, weil sie im Sommer genügend Nahrung finden.

Im Herbst wird es bunt im Wald: Die grünen Blätter von Eiche, Buche, Ahorn und Kastanie färben sich gelb, rot und braun und fallen später ab. Viele Tiere sammeln Vorräte für den Winter und andere bereiten sich auf den Winterschlaf vor.

Im Winter sind nur noch die Nadelbäume grün, aber manche Laubbäume tragen schon Knospen für den nächsten Frühling. Einige Tiere halten Winterschlaf, aber manche Tiere gehen auch im Schnee auf Futtersuche, z.B. Rehe, Füchse und Wildschweine. Ihre Spuren zeigen sich im Schnee.

Das Kapitel zeigt Aktionen, um die Veränderungen im Wald durch das Jahr hindurch sinnlich zu erfahren, aber auch experimentierend zu erkunden.

Ihr kennt doch die vier Jahreszeiten? Im Frühling ist es warm, im Sommer richtig heiß. Im Herbst wird es dann kühler und im Winter richtig kalt. Aber ich frage mich, was da im Wald passiert? Die Pflanzen und Tiere können sich ja nicht wie wir im Winter einen dicken Pulli anziehen oder im heißen Sommer ins Schwimmbad gehen. Was machen die dann wohl, um die verschiedenen Temperaturen auszuhalten? Das würde ich sehr gerne herausfinden.

Wir woll'n den Wald begleiten

Nr. 10

Text: Susanne Steffe, Musik: Günter Geisinger

Also ich find's genial, welche Überraschungen jede Jahreszeit so mit sich bringt! Alle drei Monate sieht's wieder total anders aus im Wald und es gibt immer was Neues zu entdecken ...

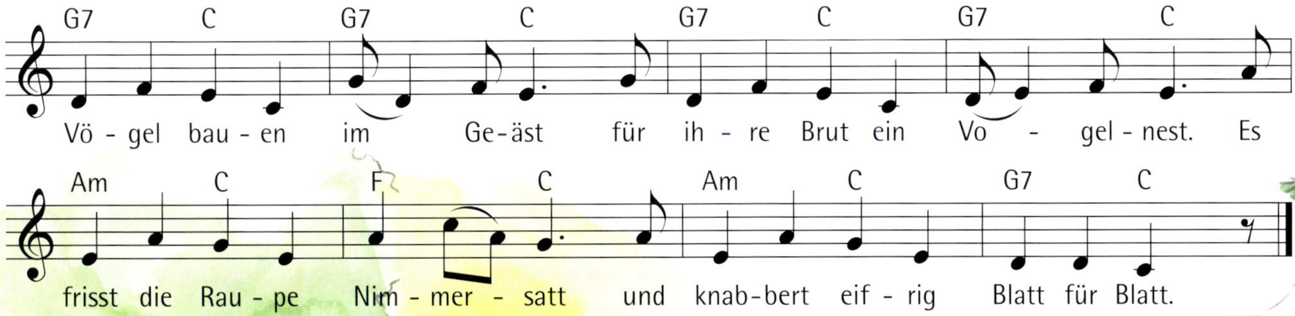

Refrain:
Wir woll'n den Wald begleiten
Durch die vier Jahreszeiten! (2x)

2. Im Sommer, wenn die Hummel brummt,
Und im Wald ein Bienchen summt,
Da unterm kühlen Blätterdach
Wird ein Rehkitz langsam wach.
Es springt herum voll Übermut:
Mal seh'n, was sich am Bach so tut.
Vielleicht ist da die Fuchsmama
Mit ihrer frechen Kinderschar?

Refrain:
Wir woll'n den Wald begleiten
Durch die vier Jahreszeiten! (2x)

3. Der Sommer sagt: „Auf Wiederseh'n".
Im Herbst, wenn kühle Winde weh'n,
Macht euch alle nun bereit:
Im Wald beginnt die Sammelzeit!
Das Wildschwein frisst so viel nur geht,
Wobei es sehr auf Eicheln steht.
Ich sammel Pilze für zu Haus,
Die Nuss ins Loch schleppt eine Maus.

Refrain:
Wir woll'n den Wald begleiten
Durch die vier Jahreszeiten! (2x)

4. Im Winter, wenn es still und kalt,
Erstarrt im Frost der dunkle Wald.
Um sich bald wieder neu zu regen
Und den Frühling zu erleben.
Ja, manche Tiere schlafen nun,
Es gibt ja auch nicht viel zu tun.
Außer zu träumen
Im Wald unter Bäumen.

Frühlingssucher

Als ich heute Morgen aus dem Fenster geschaut habe, sah ich ein Schneeglöckchen, die gelben Blütensterne des Winterlings und daneben einen Krokus. Im Wald soll es auch wieder bunt geworden sein. Wollen wir gemeinsam in den Wald gehen und schauen, was sich alles verändert hat?

Alter: ab 4 Jahren
Material: Malsachen
Ort: Frühlingswald / Einrichtung

Die Kinder werden zu Frühlingssuchern und gehen aufmerksam mit offenen Sinnen durch den Wald: Welche Veränderungen sehen sie auf den ersten Blick? Welche Geräusche bringt der Frühling mit sich? Hat er einen bestimmten Geruch?

Nach einer Weile lenkt die Spielleitung die Aufmerksamkeit der Kinder auf einzelne Aspekte des Frühlingswaldes: Welche Pflanzen gibt es neu im Wald und welche Farben haben sie? Wie viele verschiedene Grüntöne gibt es dabei zu entdecken? Wie riechen die Pflanzen und wie fühlen sie sich an? Gemeinsam überlegen die Kinder, wie die einzelnen Pflanzen aufgrund ihrer Farbe oder Form heißen könnten, und denken sich Fantasienamen aus.
Auch die Bäume sind verändert: Wie sehen ihre Blätter aus? Sind schon Blätter zu erkennen oder sind es noch Knospen, die sich langsam entfalten? Ist das bei allen Bäumen gleich? Welchen Farbunterschied gibt es zwischen den Knospen, den frischen, kleinen oder den fertig entfalteten Blättern?
Im Frühling erwachen auch viele Tiere aus dem Winterschlaf und die Zugvögel kehren zurück. Welche Spuren entdecken die Kinder im Wald und von welchem Tier könnten sie stammen?
Zurück in der Einrichtung halten die Kinder ihre Entdeckungen in einem bunten Frühlingsbild fest.

Im Frühling blühen nicht nur die Frühblüher, sondern auch die Bäume. Jedoch blühen die meisten Laubbäume sehr unauffällig und erst in hohem Alter. Die Blüten der **Rotbuche** (männliche Kätzchen und weibliche Stempelblüten) erscheinen beispielsweise gleichzeitig mit den Blättern. Da Rotbuchen erst mit etwa 60 Jahren zu blühen beginnen, also Blüten nur bei recht großen Bäumen zu beobachten sind, können diese von unten meist gar nicht wahrgenommen werden. Außerdem vergehen etwa zehn Jahre, bis der Baum erneut kräftig blüht. Ähnlich ist es bei den **Eichen**: Sie müssen erst rund 50 Jahre alt werden, bis sie blühen, und ein Massenblühen gibt es nur alle drei bis sieben Jahre. **Hainbuchen** blühen schon im Alter von 30 oder 40 Jahren und dann auch regelmäßig in jedem Frühjahr. **Nadelbäume** müssen meist auch erst 40 bis 60 Jahre alt werden, Fichten sogar 70 Jahre, bevor die Blüte beginnt. Sie blühen dann alle drei bis fünf Jahre (Tannen alle sechs bis zehn Jahre). Die Blüten der Nadelbäume haben keine Blütenblätter – Pollen und Stempel sitzen an aufrecht stehenden grünen Zäpfchen.

Blühende Patenbäume

Ihr habt bestimmt schon bemerkt, dass auch die Bäume blühen. Obstbäume wie Kirsche, Pflaume oder Birne blühen sehr schön. Die Blüten der Waldbäume sind da nicht ganz so bunt, deshalb bemerken wir sie nicht gleich. Aber wenn wir genau hingucken, finden wir bestimmt ganz viele Blüten, z.B. an den Eschen, Eichen oder Kiefern. Und manche Blüten riechen sogar ganz toll. Lasst uns mal herausfinden, ob jeder Baum und jeder Busch wirklich Blüten hat.

Alter: ab 5 Jahren
Material: Rosenschere, ca. 120 g-DIN-A4-Papier, Wachsmalkreide, Digitalkamera, Vasen, DIN-A2-Papier, Alleskleber, Buntstifte
Ort: Waldrand im Frühling

Auf einem Spaziergang entlang des Waldrandes schauen sich die Kinder die Äste und Zweige von Bäumen und Sträuchern genau an: Welche haben schon die ersten Blätter oder Blüten? Welche Farbe haben die Blüten und wie auffallend sind sie? Wie duftet die Blüte und wie fühlt sie sich an?
Von jedem Baum, an dem die Kinder Blüten entdecken, wird mit der Rosenschere ein Zweig abgeschnitten. Je nach Gruppengröße werden ein bis drei Kinder zu Paten für diesen Baum und tragen den Zweig bis nach Hause. Sie merken sich genau, wo ihr Baum oder Strauch steht, sodass sie ihn beim nächsten Besuch wiedererkennen. Dazu machen die Baumpaten einen Rindenabdruck: Sie drücken festes Papier gegen die Rinde und reiben die Struktur mit Wachsmalkreide durch. Zusätzlich wird jeder Baum mit seinen Patenkindern fotografiert.
Zurück in der Einrichtung werden die abgeschnittenen Zweige in eine Vase gestellt und die Fotos ausgedruckt. Die Baumpaten kleben ihren Rindenabdruck und das Foto auf einen DIN-A3-Bogen und zeichnen ihren Zweig mit Buntstiften daneben.
Die fertigen Baumcollagen werden aufgehängt und der entsprechende Zweig davorgestellt, um ihn wei-

terhin zu beobachten. Spätestens wenn die ersten Blätter zu sehen sind, lassen sich die Baumarten bestimmen. Die Namen werden mithilfe der Spielleitung mit auf die Collage geschrieben.

Variante: Patenbäume im Jahreslauf

Wie sieht der Patenbaum im Sommer aus, wenn er alle Blätter entfaltet hat? Die Kinder pressen ein Blatt ihres Baums und kleben es mit auf ihre Collage, außerdem wird ein Sommerfoto ergänzt. Bei einem Herbstbesuch werden die Früchte der Patenbäume gesammelt und ebenfalls auf die Collage geklebt. Mit einem letzten Besuch im Winter wird die Collage durch ein viertes Foto vervollständigt.
Alle Patenkinder stellen am Ende des Jahres den anderen Kindern ihren Baum vor und zeigen anhand der Fotos und Fundstücke die Veränderungen im Jahr.

Sommer-Sammel-Kette

Juhu, es ist Sommer – und so schön warm! Im Wald ist es jetzt bestimmt noch grüner als im Frühling und wir können viele schöne Sachen finden. Am liebsten möchte ich alles mit nach Hause nehmen, aber das geht ja nicht. Ha, ich habe eine Idee: Wir basteln uns eine Sommer-Kette, die sich jeder um den Hals hängt, dann können wir den Sommer immer mit uns herumtragen!

Alter: ab 4 Jahren
Material: 1 Stoffbeutel oder Körbchen pro Kind, Handbohrer, Stricknadel, stabiler Faden
Ort: Sommerwald

Die Kinder gehen mit offenen Augen, Nasen und Ohren durch den Sommerwald und begutachten neugierig, was sich seit dem Frühjahr alles verändert hat. Gibt es jetzt andere Pflanzen als im Frühling oder wie haben sie sich verwandelt? Riecht es auch anders und gibt es neue Geräusche? Gemeinsam mit der Spielleitung besprechen und begutachten alle die Veränderungen.
Die Kinder ziehen los, um verschiedene Waldmaterialien zu sammeln, die ihnen gut gefallen: Blätter, Blüten und andere Pflanzenteile, kleine Äste, weiche Moose, Kräuter, eigenartig geformte Holzstücke u.v.m. wandern in die mitgebrachten Beutel oder Körbchen.
Hat jedes Kind genügend Sommerschätze gesammelt, hilft die Spielleitung beim Durchbohren harter Gegenstände mit dem Handbohrer oder einer Stricknadel. Die Kinder fädeln alles auf einen Faden. Ist die gewünschte Länge erreicht, wird der Faden zu einer Kette verknotet – fertig sind die schmückenden Sommer-Sammel-Ketten!

Variante

Die aufgefädelten Schätze können auch als Raumschmuck verwendet werden: Der Faden wird dafür nicht verknotet, sondern der Länge nach an der Zimmerdecke oder wie eine Girlande aufgehängt. Auch vor dem Fenster befestigt erzeugt die Sommerkette ein schönes Waldambiente im Raum.

Im Sommer können viele **Brennnesseln** an Waldrändern bestaunt werden, denn diese Pflanze hat nur wenige Fressfeinde. Sie besitzt Brennhaare, die deutlich in eine Richtung zeigen. Bricht die oberste Spitze ab, bohrt sich die Bruchkante mit dem ameisensäurehaltigen Inhalt in die Haut. Das führt zu Pusteln und Juckreiz. Wenn die Brennhaare allerdings einmal abgeknickt wurden, sind sie entleert und können nicht mehr brennen. Um die Brennnessel ohne Schmerz anfassen zu können, muss sie entweder vorsichtig mit der Richtung der Brennhaare angefasst werden oder die Haare müssen bereits abgebrochen sein.
Die Nesselhaare schützen die Pflanze vor Fressfeinden. Aus diesem Grund stellen Brennnesselflächen insbesondere im Sommer auch einen wichtigen Lebensraum für viele Kleintiere da: Die Raupen vieler Schmetterlinge z.B., die im Sommer schlüpfen, benötigen die Brennnessel als Nahrung, und junge Heuschrecken nutzen den Schutz, um sich in Ruhe zu häuten und heranzuwachsen.

Lebensraum Brennnessel

Bestimmt kennt jeder von euch die Brennnessel. Sie heißt so, weil sie auf der Haut brennt, wenn wir sie berühren. Aber wie sieht die Brennnessel eigentlich genau aus und warum brennt sie überhaupt? Das würde ich gerne herausfinden.

Alter: ab 5 Jahren
Material: Handschuhe, lange Hosen, Shirts mit langen Ärmeln oder Jacken, feste Schuhe, Lupe, Becherlupen, Bettlaken; evtl. Insekten-Bestimmungsbuch
Ort: Brennnesselfläche im Wald

Schritt 1
Die Kinder pflücken mit einem Handschuh einen Brennnesselzweig ab und betrachten ihn ganz genau mit der Lupe: Können sie die feinen Brennhaare sehen? Wo sitzen sie genau und in welche Richtung zeigen sie?
Die Spielleitung macht den Kindern vor, wie sie die Brennnessel vorsichtig „mit dem Strich" der Brennhaare anfassen können, ohne sich zu verbrennen. Als nächster streichelt Knud ebenfalls „mit dem Strich" über eines der Blätter. Welches Kind traut sich, es ihm nachzumachen? Und wer kann erklären, warum sich so niemand verbrennt?

Schritt 2
Die Spielleitung erklärt den Kindern, dass die Brennnessel gerade durch ihre Brennhaare sehr nützlich ist und vielen Tieren Schutz, Nahrung und einen Lebensraum bietet.
Die Kinder machen sich ausgerüstet mit den Becherlupen auf die Suche nach Tieren, die im Brennnesselbestand leben. Die Spielleitung breitet im Schatten ein weißes Bettlaken aus. Dort bringen die Kinder die gefundenen Käfer, Raupen, Spinnen usw. hin, um sie besser beobachten und bestimmen zu können. Sie

zählen die unterschiedlichen Tiere und erkennen so die Vielfalt der Bewohner. Wie verhalten sich die unterschiedlichen Tiere? Versuchen sie von dem Laken zu flüchten oder verhalten sie sich ganz ruhig? Haben alle Tiere Beine oder sind es hauptsächlich Raupen ohne Beine? Wer mag, schlägt die Tiere mithilfe der Spielleitung in einem Insekten-Bestimmungsbuch nach.
Wurden alle Tiere genau beobachtet, werden sie behutsam zurück in ihren Lebensraum gebracht.

Bunte Blätter fallen

Seid ihr diese Woche schon im Wald gewesen? Stellt euch vor: Er sieht ganz verändert aus! Die grünen Blätter sind fast über Nacht bunt geworden! Der Ahorn leuchtet gelb und rot. Und auch die Birke hat erste gelbe Blätter. Was da wohl los ist? Mein Freund, der Förster, hat mir erklärt, dass die Laubbäume im Winter mit ihren Wurzeln aus dem gefrorenen Boden nicht genügend Wasser für ihre vielen Blätter ansaugen können. Daher werfen sie im Herbst ganz einfach alle Blätter ab! Aber vorher versuchen die Bäume noch möglichst viele Nährstoffe aus den Blättern zu saugen, damit auch nichts verloren geht. Die Energie steckt vor allem in der kräftigen grünen Farbe der Blätter, und wenn der Baum die absaugt – ja, erst dann können wir die Farben sehen, die sich schon die ganze Zeit unter dem Grün versteckt haben, nämlich Gelb, Orange und Rot! Diese Farben sind also auch im Sommer die ganze Zeit unter dem Grün verborgen! Wenn wir genau hinschauen, finden wir Blätter, bei denen schon gelbe Spitzen unter dem Grün hervorschauen …

Alter: ab 5 Jahren
Material: Malpapier, Wasserfarben
Ort: Herbstwald / Einrichtung

Vorbereitung

Auf einem Spaziergang durch den Herbstwald achten die Kinder mit allen Sinnen auf die Veränderungen: Was ist anders als im Sommer? Blühen noch Blumen? Welche Pflanzen sind nicht mehr so grün wie im Sommer? Zwitschern noch immer so viele Vögel in den Bäumen? Welche Herbstfrüchte können die Kinder entdecken? Alle tauschen sich in der Gruppe über die Veränderungen aus.
Dann gehen die Kinder auf Blättersuche. Sie sammeln vor allem bunte Blätter, z.B. vom Ahorn, weil dort die Übergänge von grün-gelb-rot besonders deutlich sind.

Aktionsablauf

In der Einrichtung zeichnen die Kinder den Umriss eines Blatts auf Papier nach. Auch die Adern malen sie ein. Sie schauen sich das Pflanzenblatt ganz genau an. Wo ist noch Grün zu sehen? Wo leuchten bereits Gelb und Rot?
Die Kinder mischen die Farben des Blatts mit Wasserfarben so genau wie möglich nach. Das benötigt etwas Zeit, in der die Kinder die Farben immer wieder auf einem Schmierpapier ausprobieren und mit denen des Blatts vergleichen. Stimmen die Farben überein, malen sie damit die Farbverläufe auf ihrem vorgezeichneten Papierblatt nach.
Die gemalten Herbstblätter werden neben den Pflanzenblättern aufgehängt und in den kommenden Wochen immer wieder betrachtet. Durch die gemalte Kopie lässt sich gut vergleichen, wie sich die Baumblätter verändern: Sie welken und vertrocknen.

Blattskelette

Mir ist heute im Wald aufgefallen, dass die Herbstblätter sich ganz schön stark verändern, je länger sie auf der Erde herumliegen. Ich habe auch Blätter gefunden, von denen nur noch die Blattadern übrig waren – und die sehen toll aus! Über die Blattadern versorgt der Baum übrigens seine Blätter mit Wasser und Nährstoffen. Eigentlich ganz ähnlich wie bei euren Adern: Auch die versorgen über das Blut alle Zellen eures Körpers. Die Adern von den Blättern würde ich mir gerne mal genauer angucken.

Alter: ab 5 Jahren
Material: Waschsoda (Drogeriemarkt), Ahornblätter, alte Zahnbürsten, Lupe, Wasserfarben, Transparentpapier in Weiß oder Pastellfarben, Klebstoff

Die Kinder geben 1 TL Waschsoda in einen Topf mit 1 l Wasser, legen die gesammelten Blätter hinein und lassen sie mithilfe der Spielleitung für eine halbe Stunde auf dem Herd köcheln.
Wenn der Topf abgekühlt ist, wird das Wasser abgegossen. Die Blätter werden mit kaltem Wasser abgespült und zum Trocknen gelegt.
Die Kinder bürsten die trockenen Blätter vorsichtig mit einer Zahnbürste, sodass nur die feinen Blattadern übrig bleiben. Diese betrachten sie genau durch die Lupe.
Sie malen die Blattskelette mit Wasserfarben bunt an und kleben die getrockneten Skelette auf Transparentpapier – nebeneinander oder auch überlappend. So entstehen zarte Transparentbilder für die herbstliche Fenster-Deko.

Tierspuren im Schnee

Brrr, ist das kalt geworden draußen. Wie der Wald wohl im Winter aussieht? Ich frage mich, wo die ganzen Tiere jetzt sind? Mein Freund, der Fuchs, hat mir erzählt, dass viele Tiere Winterschlaf machen – aber nicht alle! Einige sind auch draußen unterwegs auf Futtersuche. Da fällt mir ein: Wenn gerade Schnee gefallen ist, müssten wir die Spuren der Tiere ja gut sehen können, oder? Lasst uns mal nachsehen – auf in den Winterwald!

Alter: ab 5 Jahren
Material: Maßband
Ort: Waldrand und Lichtungen

Die Kinder gehen aufmerksam durch den Winterwald, am Waldrand entlang oder über Lichtungen. Wie hat sich der Wald verändert? Welche Pflanzen sind noch grün? Riecht der Wald anders als im Herbst? Können die Kinder noch Vögel hören oder ist es leiser geworden im Winterwald?
Bei ihrem Ausflug achten sie besonders auf Tierspuren im Schnee. Wenn sie einen Abdruck gefunden haben, beratschlagt die Gruppe, welches Tier diesen Abdruck hinterlassen haben könnte: Ist dort ein Huf, eine Pfote oder die ganze Sohle zu sehen? Wie groß ist der Abdruck im Vergleich mit einem Kinderfußabdruck? Dazu wird der Abdruck mit dem Maßband gemessen. Ist es ein flacher oder ein tiefer Abdruck und war das Tier daher schwer? Die Kinder vergleichen den Abdruck des Tieres mit den Abbildungen und finden so die Tierart heraus.

Jede Tierart hat einen typischen Fußabdruck. Diese lassen sich grob in **Sohlengänger**, **Zehengänger** und **Zehenspitzengänger** unterteilen. Sohlengänger, z.B. der Dachs, laufen auf ihrer ganzen Sohle bzw. Pranke. Bei Zehengängern, wie beispielsweise dem Fuchs, ist nur die Pfote mit dem Ballen im Schnee zu sehen. Die Zehenspitzengänger wie Hirsche und Rehe laufen quasi nur auf ihren Zehenspitzen, die beim Schalenwild „Hufe" heißen.

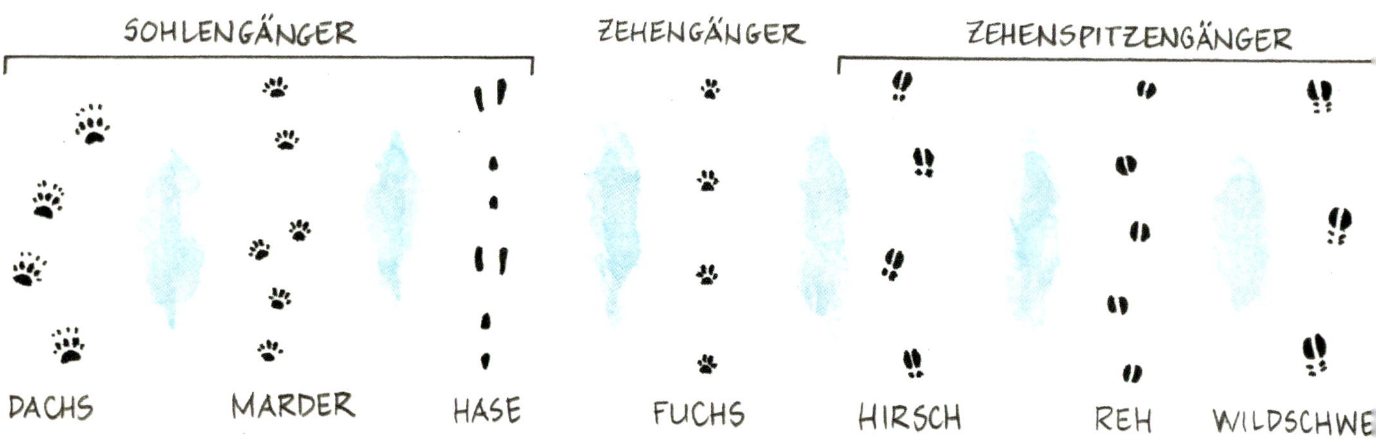

Knospenzauber im Winter

Jetzt ist der Winter bald vorbei und dann wird es wieder Frühling. Toll, dann beginnt alles wieder von vorn. Im Wald können wir den Frühling auch schon ein bisschen sehen. Viele Laubbäume haben nämlich im Winter bereits Knospen, aus denen dann im Frühling Blätter oder Blüten werden. Das müssen wir uns unbedingt angucken!

Alter: ab 5 Jahren
Material: Rosenschere, Vase, Schreibsachen, Klebstoff
Ort: Wald / Einrichtung

Vorbereitung

Während eines Waldspaziergangs werden von verschiedenen Laubbäumen Zweige abgeschnitten. Dabei achtet die Spielleitung darauf, dass einige Knospen an den Zweigen zu sehen sind. Es eignen sich Obstbäume sowie Rotbuche, Ahorn, Esche, Linde, Birke, Pappel, Kastanie, Erle, Eiche und Weide.
Die Spielleitung kopiert zusätzlich die Abbildungen von S. 29 f.

Aktionsablauf

Die Kinder stellen die gesammelten Zweige in der Einrichtung in eine mit Wasser gefüllte Vase ans Fenster. Sind die Namen der Bäume bekannt (vgl. Abb. S. 29 f.), basteln die Kinder aus länglichen Papierstreifen kleine Namensschilder.
Sie schneiden die entsprechende Abbildung des Baumes aus der Kopie aus und kleben sie auf das Namensschild, das um den Zweig befestigt wird. Mithilfe der Spielleitung schreiben sie den Namen des Baumes dazu.

Ist der Name noch nicht bekannt, geben die Kinder Tipps ab, die von der Spielleitung festgehalten werden. Nach dem Austreiben können die Zweige anhand der Blätter oder Blüten bestimmt werden. Das Kind, dessen Tipp richtig war, darf den Zweig mit nach Hause nehmen.
Die Knospenzweige werden täglich genau betrachtet. Nach ein paar Tagen beginnt der Zauber: Die Knospen öffnen sich und es bilden sich Blätter oder Blüten.
Hinweis: Zweige von Laubbäumen können oft auch von Gärtnereien bezogen werden. Viele Laubbäume werden ohnehin beschnitten und die Äste dann nicht mehr gebraucht.

Unser Wald – unsere Zukunft

In den ersten Kapiteln dieses Buches lag der Schwerpunkt auf dem Erkunden und Entdecken des faszinierenden Lebensraumes „Wald“. Dieses Kapitel fokussiert die Funktionen des Waldes als Recyclingsystem und Klimaregulator für die ganze Erde. Warum ist der Wald weltweit so wichtig und warum sollten bereits Kinder lernen, für den Schutz der Wälder Verantwortung zu übernehmen?

Hier steht zunächst der Wald als perfektes Recyclingsystem-Vorbild im Vordergrund. Die Kinder erfahren am Beispiel von Laubfall, Zersetzung und neuem Wachstum, wie natürliche Kreislaufprozesse funktionieren. Kreisläufe, denen wir Menschen inzwischen z.B. mit unserem Abfallsystem nachzueifern versuchen. Denn in der Natur bewegen sich alle Teilchen in einem Kreislauf. Elemente wie Stickstoff, Kohlenstoff oder Sauerstoff werden immer wieder neu in Lebewesen eingebaut und ständig recycelt – Müll gibt es nicht!

Im Anschluss geht es um den Wald und seine Funktion für das Weltklima. Gerade diese Bedeutung wird heute, wo der Klimawandel immer spürbarer wird, von WissenschaftlerInnen immer nachdrücklicher hervorgehoben – sind doch 20 Prozent des frei werdenden schädlichen Treibhausgases Kohlendioxid auf die Vernichtung der Wälder zurückzuführen! Doch vor allem geht es um Wege in eine gute Zukunft. Auch jungen Kindern kann bereits der Gedanke der „Nachhaltigen Entwicklung“ nahegebracht werden – ein Begriff, der auf dem Erdgipfel von Rio 1992 geprägt wurde und eine Art „Rettungsprogramm“ für die Erde darstellt. Er stammt ursprünglich aus der Forstwirtschaft, wo die Förster als erste begriffen haben: Wenn wir einen Baum fällen, um z.B. Möbel daraus herzustellen, müssen wir junge Bäume nachpflanzen, damit der Wald auch in 100 Jahren noch steht – und damit auch die Kinder und Enkelkinder Bäume als Baumaterial nutzen können. Also: Ich darf der Natur nur so viel entnehmen, dass genug nachwachsen kann, sodass auch die kommenden Generationen noch gut davon leben können. Ein Gedankengang, der bereits für kleine Kinder verständlich ist, und die Grundlage eines Zukunftskonzepts bildet, das es uns Menschen ermöglichen soll, die Erde noch viele Jahrhunderte zu bewohnen.

„Bildung für Nachhaltige Entwicklung“ stellt dabei die Gestaltungskompetenz der Kinder in den Vordergrund, d.h. das Erlernen von Fähigkeiten, die sie in die Lage versetzen, die Probleme von morgen zu lösen. Zum Beispiel die Fähigkeit, Zusammenhänge zu erkennen und gemeinsam mit anderen planen und handeln zu können. Dazu gehen wir zum Abschluss auf das Thema Papier ein, denn: Papier besteht aus Bäumen! Hier gilt es, Zusammenhänge zu begreifen und das eigene Handeln zu reflektieren. Was kann schon jedes Kind dazu beitragen, die Wälder der Erde zu schützen? Wir werden sehen: eine ganze Menge!

Jetzt haben wir schon eine ganze Menge über den Wald erfahren! Und ich habe langsam eine Idee davon, warum der Wald so wichtig ist. Für die Tiere und Pflanzen als Lebensraum, na klar. Mein Freund, der Förster, meinte aber auch, der Wald wäre für die Menschen ebenfalls überlebensnotwendig. Das klingt ganz schön dramatisch, nicht? Und spannend! Er meinte, ich solle mich mal schlau machen über den Wald als große Recyclinganlage. Und als Lunge der Erde. Keine Ahnung, was er damit meint – aber das werde ich schon rausfinden! Helft ihr mir dabei?

Carlchen, das kleine C

Ist euch schon aufgefallen, dass es im Wald keinen Müll gibt? Ich meine natürlich keine Coladosen und so, die sieht man ja leider doch manchmal. Ich meine anderen Müll: Die ganzen Blätter z.B., die im Herbst abfallen – wo bleiben die bloß? Die Laubberge müssten doch nach so vielen Jahren endlos hoch sein, oder? Und tote Tiere oder auch abgestorbene Pflanzen, über die müssten wir ja eigentlich ständig stolpern beim Waldspaziergang – tun wir aber nicht, weil sie irgendwann einfach weg sind!
Ich habe mal einen Forscher gefragt, der hat gelacht und mir erklärt, dass der Wald das perfekteste Recyclingsystem der Welt hat. Viel besser als bei unserem Müll der grüne Punkt oder die Altpapiersammelkiste. Im Wald verrottet nämlich alles direkt auf dem Waldboden – und wird dadurch zu neuer Erde. Auf der wachsen wiederum neue Pflanzen, die irgendwann wieder absterben, und aus den Resten wird wieder neue Erde und so weiter. Versteht ihr? Ich will euch dazu mal eine Geschichte erzählen.

Alter: ab 4 Jahren
Material: 1 Decke pro Kind

Die Kinder setzen oder legen sich für die Fantasiereise gemütlich mit Decken auf den Boden, sodass sie entspannt zuhören können. Sind alle bereit, beginnt Knud zu erzählen:

Ich habe einen Freund mit Namen Carlchen. Carlchen ist klitzeklitzeklein, sogar so klein, dass man ihn mit bloßem Auge gar nicht sehen kann. Er ist so klein, dass er mal Bestandteil eines Blattes oder mal einer Wurzel sein kann. Manchmal ist er auch Teil eines winzigen Körnchens in der Erde. Zudem ist er schon etliche 1000 Jahre alt. Könnt ihr euch das vorstellen?! Uralt, winzig, übrigens kohlrabenschwarz und supernett. Carlchen ist natürlich kein Mensch – er ist ein Kohlenstoffatom. Das ist eines der Elemente, aus denen sich die ganze Welt zusammensetzt.
Carlchen also, klitzeklitzeklein und kohlrabenschwarz, hat mir mal von seinem Leben erzählt. Und davon will ich euch heute erzählen. Liegt ihr bequem? Augen zu? Hat jeder ein Bild von Carlchen vor Augen?

Dann stellt euch bitte für den Anfang der Geschichte vor, wie Carlchen ganz gemütlich im Erdboden eines Waldes schläft. Doch da, ganz plötzlich, wird es um ihn herum immer nasser. Oben auf der Erde regnet es tüchtig und nach und nach sickert das Regenwasser in den Boden. Schon bald merkt Carlchen, dass er anfängt zu schwimmen und auf dem Wasser zu schaukeln. „Schneller, schneller!", jubelt er begeistert und lässt sich vom Wasser unter der Erde mitnehmen. Da merkt er plötzlich, wie ein großer Sog entsteht. Hui, er steuert direkt auf ein unterirdisches Gebilde aus Holz zu – und wird dabei immer schneller! „Hoffentlich krach ich da nicht gegen", denkt er und schließt sicherheitshalber ganz fest die Augen. Er hört noch ein leises Schlürfgeräusch, und schon ist es dunkel um ihn. Aber er hat sich nicht wehgetan – erleichtert atmet Carlchen auf. Wo er nur sein mag?

Er bemerkt, dass er in einer Röhre steckt, ganz aus Holz, und langsam mit dem Wasser nach oben steigt. „Ah, ich bin in einer Wurzel gelandet", denkt er erfreut. „Dann wird es ja bald wieder heller!" So macht er es sich so gemütlich wie möglich und lässt sich mit dem Wasser immer weiter nach oben treiben. Und tatsächlich: Nach einer ganzen Weile merkt er, wie er in grünem Licht auftaucht. „Ein Blatt", denkt er. „Wie schön, hier möchte ich ein wenig bleiben und Ausschau halten". Und tatsächlich merkt er, wie er mit vielen anderen kleinen Teilchen wie ihm selbst zu einem Teil des Blattes wird. Er staunt über den tollen Ausblick: nicht wirklich hoch oben, aber immerhin so, dass einem etwas schwindelig werden kann, wenn man so klein ist wie Carlchen. Vor allem, wenn sich die Blätter im Wind wiegen!

Mit der Zeit merkt Carlchen, wie die Tage immer kürzer und die Nächte immer kälter werden. Eines Nachts kommt der erste Frost des Jahres – und am nächsten Tag entdeckt Carlchen, dass fast alle Blätter die Farbe gewechselt haben: Leuchtend Gelb ist jetzt das Laub! Und auf einmal – mit einer besonders starken Windböe – löst sich sein buntes Blatt vom Baum und segelt hinab auf den Waldboden! Dort liegt Carlchen nun und beobachtet, wie ein Blatt nach dem anderen vom Baum fällt und einen richtigen Blattteppich bildet. Schon bald ist Carlchen in seinem Blatt von anderen Blättern zugedeckt.

Schummrig dunkel wird es um ihn herum, aber auch richtig spannend! Denn Tag für Tag kommen Tiere vorbei und knabbern mal hier und mal da ein Stück von dem Blatt ab. Das Blatt, in dem sich Carlchen inzwischen fast ein wenig wie gefangen fühlt, wird immer kleiner und kleiner und verrottet immer mehr. Bis eines Tages ein Regenwurm den Rest des Blatts mit Carlchen in den Erdboden zieht! Schwups, hat der Regenwurm Carlchen verschluckt. Gemächlich rutscht Carlchen durch den Magen des Regenwurms, bis er wieder ausgeschieden wird.

Plötzlich wieder frei landet Carlchen in der Erde. „Hui, welch eine Reise", denkt er und legt sich erst einmal schlafen. Denn er ist sich sicher, dass es bald wieder weitergeht. Vielleicht schon der nächste Regen wird ihn zu einem anderen Abenteuer mitnehmen …

Varianten

Die Geschichte kann beliebig ergänzt und in immer wieder neuen Varianten erzählt werden. Hier zwei Kurzbeispiele:

- Wurzel – Baumstamm hinauf – Buchecker – fällt vom Baum – Maus knabbert an Buchecker – Carlchen wird zu einem Teil von einem Schnurrbarthaar der Maus – Eule fängt Maus – durch den Himmel schweben – Eule spuckt Haare und Knochen der Maus wieder aus – Speiballen verrottet zu Erde – Carlchen wieder frei.

Wurzel – in einem Grashalm hinauf – Raupe knabbert am Gras – Vogel fängt Raupe und verfüttert diese an ihre Jungen – Carlchen wird in Feder eingebaut – Feder fällt bei Mauser aus – wird von Insekten und Kleintieren zersetzt – Carlchen wieder frei.

Schon nach ein paar Durchläufen der Geschichte erfinden die Kinder eigene Ergänzungen, wobei sie Kreislaufprozesse und Nahrungs-Abfolgen spielerisch kennenlernen.

Das Wort **Recycling** setzt sich aus zwei Teilen zusammen. „*Re*" steht für „wieder zurück", „*cycling*" heißt übersetzt „Kreislauf". „Recycling" bedeutet also „zurück in den Kreislauf". Dabei werden die einzelnen Teilchen, aus denen ein Gegenstand oder ein Organismus besteht, auseinandergenommen, sodass sie wieder in neue Gegenstände oder Organismen eingebaut werden können. Zum Teil überlassen wir Menschen das Recycling der Natur, z.B. auf dem Komposthaufen, z.T. ist unser Müll jedoch sehr schwer zu recyceln, sodass die einzelnen Elemente nicht getrennt werden können. Dann werden aus Plastikmüll z.B. Plastikbänke oder Zaunpfähle gemacht – oder der Müll landet auf einer Deponie. Der Mensch schafft es also nicht immer, die Elemente wieder in den Kreislauf zurückzuführen.

Wie Blätter verrotten

Ist euch schon aufgefallen, dass wir den Blättern ansehen können, wie lange sie schon auf dem Boden liegen? Je länger sie verrotten, desto mehr Tierchen haben bereits an ihnen herumgefressen. Das können wir im Wald ganz deutlich erkennen!

Alter: ab 4 Jahren
Material: Papier oder Bettlaken, Lupe, großer Papierbogen, Klebstoff; evtl. Zeichenstifte
Ort: Wald / Einrichtung

Die Kinder sammeln im Wald Blätter, die bereits unterschiedlich stark zersetzt sind.
Sie legen alle Blätter auf eine weiße Unterlage, sodass die Blätter und Fraßspuren auf dem hellen Hintergrund gut zu sehen sind. Welches Blatt ist noch fast ganz? Gibt es auch eins, das kaum noch als Blatt zu erkennen ist und schon fast zu Erde wurde? Welche Feinheiten entdecken die Kinder unter der Lupe?
Auf der Unterlage bringen die Kinder die Blätter in eine Reihenfolge: von ganz frisch bis fast verrottet. Zurück in der Einrichtung fertigen sie ein Plakat mit der Verrottungsreihe an, indem sie die einzelnen Blattreste in der richtigen Reihenfolge auf Papier aufkleben. Erstaunlich, wie viel kleine Tierchen und Mikroorganismen schon recycelt haben!

Variante für ältere Kinder

Die Kinder schauen anhand der Abbildungen auf S. 29 f. nach, um welche Blätter es sich im Einzelnen handelt. Sie zeichnen neben jedes verrottete Blatt das Blatt in seiner unzersetzten Form. Bis zu welchem Verrottungsstadium können sie die Baumart herausfinden?

Die Krabbeltier-Müllabfuhr

Wer ist das aber nun eigentlich, der diese ganzen Löcher in die Blätter macht? Bestimmt habt ihr das schon längst entdeckt: Im Erdboden sind sehr viele kleine Tiere z.B. mit der Zersetzung von Pflanzenresten in kleine Teilchen beschäftigt. Sie sorgen so dafür, dass die Teilchen wieder für den Kreislauf zur Verfügung stehen. Nehmt die Becherlupe in die Hand und schaut nach, welche Tiere ihr im Waldboden entdecken könnt! Aber seid bitte vorsichtig und tut keinem Tier weh!

Alter: ab 4 Jahren
Material: Lupe, Becherlupe, Papier, Pinsel; evtl. Bodentier-Bestimmungsbuch (vgl. Knud-Band 1: „Erde, Matsch & Stein" → S. 47 f.), Zeichenstifte, Papier, großer Tonkarton, Klebstoff
Ort: Wald

Die Kinder suchen bei einem Waldausflug nach Bodentieren. Dazu knien sie sich mit der Lupe auf den Boden und schauen sich aufmerksam um. Haben sie ein Tier entdeckt, setzen sie es so vorsichtig wie möglich mit einem Stück Papier oder einem Pinsel in die Becherlupe und betrachten es genau. Wie bewegt sich das Tier – schnell oder langsam? Welche Farbe hat es? Wo ist es heller, wo dunkler? Wie viele Beine hat das Tier? Sind seine Augen zu erkennen? Hat es Haare an den Beinen oder am Körper? ...
Sie lassen das Tier möglichst bald wieder frei und machen sich auf die Suche nach einem anderen Bodentier.
Hinweis: Die Spielleitung achtet darauf, dass die lichtempfindlichen Bodentiere nicht ins helle Sonnenlicht getragen werden!

Variante für ältere Kinder

Die Kinder schlagen in einem Bestimmungsbuch nach, welche Tiere sie gefunden haben. Sie zeichnen jedes Einzelne vor Ort ab, bevor sie es wieder frei lassen, und stellen in der Einrichtung ihre beschrifteten Skizzen zu einer Bodentier-Collage zusammen.

Was passiert mit unserem Müll?

Irgendwie habe ich den Eindruck, dass die Müllabfuhr im Wald viel besser funktioniert als beim Menschenmüll! Ich glaube, da gibt es Sachen, die können nicht wieder zu Erde werden. Plastikspielzeug z.B. oder CDs oder Getränkebüchsen ... Aber heißt das, dass jemand wie Carlchen, das kleine C, plötzlich sein Leben lang in einem Bonbonpapier gefangen ist? Was passiert bloß mit dem Menschen-Müll? Wisst ihr, wo der hier im Kindergarten / in der Schule hinkommt? Und danach?

Alter: ab 5 Jahren
Material: Pappe, Schere, Malstifte, Sicherheitsnadeln

Schritt 1
Die Kinder suchen in der Einrichtung nach dem Ort, wo Papier, Kompost, Plastikmüll und Restmüll auf die Müllabfuhr warten. Dabei fällt auf: Der Müll wird getrennt gesammelt! Er wird sogar von verschiedenen Fahrzeugen abgeholt und weggebracht.
Mithilfe der Spielleitung stellen die Kinder fest: Kompost wird wieder zu Erde – genau wie im Wald. Bei den anderen Müllsorten ist es aber nicht so einfach, sie wieder in den natürlichen Kreislauf eingehen zu lassen: Plastik und Metalle verrotten nicht oder nur im Laufe von Jahrzehnten zu Erde. Sie werden unter Einsatz von viel Energie eingeschmolzen und zu neuen Produkten verarbeitet. Mancher Müll wird sogar verbrannt und verschmutzt dabei die Luft (➔ S. 68 „Hui, wie das stinkt“).

Schritt 2
Die Kinder suchen gemeinsam mit der Spielleitung nach Möglichkeiten, wie sie selbst in ihrem Alltag Müll vermeiden können, z.B.:

- Brotdosen statt Folie
- Schmierpapier zum Malen verwenden
- Buntstifte statt Filzstifte
- Holz- statt Plastikspielzeug
- Stoffbeutel statt Plastiktüten beim Einkauf
- Joghurt in großen Gläsern statt in vielen kleinen Plastikpackungen kaufen
- Geschenkpapier und Briefumschläge aus alten Kalendern und Zeitungen anfertigen
- alte Bücher und Spielsachen nicht wegwerfen, sondern eine Tauschbörse organisieren

Wichtig ist, dass sich die Kinder nicht damit überfordern, möglichst viel auf einmal umzusetzen, sondern sich ein oder zwei Ideen heraussuchen, die sie realistisch auf Dauer umsetzen wollen. Auch die Spielleitung beteiligt sich mit einer persönlichen Müllvermeidungsidee.
Jeder schneidet sich aus der Pappe einen kleinen Button, malt darauf ein Symbol für seine Müllvermeidungsidee und steckt ihn sich mit einer Sicherheitsnadel als Erinnerungsstütze an.
Nach zwei Wochen berichten die Kinder und die Spielleitung im Stuhlkreis von ihren Erfahrungen: Was ist schwierig, was hat gut funktioniert, was wollen sie weitermachen, wo kann noch mehr Müll – auch in der Einrichtung – reduziert werden?

Hui, wie das stinkt!

Was passiert wohl, wenn wir Müll einfach verbrennen, um ihn loszuwerden? Das könnte doch ganz praktisch sein, schließlich ist er danach auch einfach weg – oder? Lasst uns mal ausprobieren, was passiert.

Alter: ab 4 Jahren
Material: Papier, dünne Plastikverpackung (z.B. von Taschentüchern), Metall, Streichhölzer, feuerfester Handschuh
Ort: Feuerstelle

Die Kinder versammeln sich an einer Feuerstelle oder auf einem gepflasterten Platz und stellen sich im Kreis um die Spielleitung herum auf. Diese verbrennt ein Material nach dem anderen. Die Kinder beobachten: Brennt das Material? Wie sieht der Rauch aus, der entsteht? Was stinkt besonders? Sie stellen fest:

- Papier brennt hell mit leichtem Rauch, der in die Atmosphäre entweicht. Es entsteht das Treibhausgas Kohlendioxid (→ S. 71).
- Plastik brennt nicht lodernd, sondern schmilzt und entwickelt dabei schwarzen, stinkenden Rauch. Dabei entsteht ebenfalls Kohlendioxid, aber es entstehen auch sogenannte Aromate wie Benzol, Naphtalen und Biphenyl. Die Kinder merken schon am Gestank: Das kann nicht gesund sein!
- Für Metall ist unser Feuer zu kalt. Es wird viel mehr Energie benötigt, um es zu schmelzen – welch eine Verschwendung!

Hinweis: Die Spielleitung achtet darauf, dass kein Kind viel schädlichen Qualm einatmet!

Wir säubern den Wald

Ich hätte nicht gedacht, dass mancher Müll einfach nicht wieder zu Erde werden kann! Und wenn ich daran denke, wie der menschliche Müll im Wald immer mehr und mehr wird! Jeder schmeißt etwas dazu – und irgendwann stapfen Reh und Hase nur noch durch ein Müllfeld. Das ist nicht schön, außerdem habe ich schon mal gehört, dass Tiere aus Versehen Müll gefressen haben und gestorben sind, weil sie so viel Kunststoff im Bauch hatten. Da müssen wir doch unbedingt etwas unternehmen!

Alter: ab 4 Jahren
Material: Bollerwagen, Müllsäcke, Handschuhe; evtl. Schnur, Draht, Heißkleber
Ort: Wald

Die Kinder ziehen mit Müllsäcken und Bollerwagen in den Wald und sammeln alle Fundstücke ein, die nicht in die Natur gehören. Auf dem Bollerwagen wird der Müll direkt passend sortiert: Altglas, Plastik, Metall und Restmüll werden getrennt gesammelt. Vorsicht bei scharfen Gegenständen und Stacheldraht – hierfür unbedingt Handschuhe benutzen! Zurück in der Einrichtung wird der Müll dem Recycling zugeführt.

Variante

Die Kinder gestalten aus dem gesammelten Müll Skulpturen: Mit Schnur, Draht oder Heißkleber werden die einzelnen Teile miteinander verbunden, sodass abstrakte oder konkrete Gebilde entstehen. Vielleicht gelingt es, aus dem Müll typische Waldtiere zu gestalten? In einer Müllausstellung zeigen die Kinder damit, dass die Tiere in den Wald gehören – und nicht der Müll (vgl. auch S. 74 „Unsere Waldausstellung")!

Recycling im Wald

Nr. 12

Text: Susanne Steffe, Musik: Dorle Ferber

Hey, ich hab mir ein Lied ausgedacht, warum der Wald so wichtig ist. Wollt ihr es hören?

Zwischenteil

2. Die vielen kleinen Bewohner des Waldes
Zersetzen und fressen alles, was alt ist:
Sie futtern den Abfall, sie nagen und kau'n,
Um das Grünzeug am Ende dann zu verdau'n.
Damit daraus Erde und irgendwann
Eine neue Pflanze entstehen kann.

3. Im Wald gibt es einen ewigen Kreislauf,
In dem frisst der Vogel leider den Wurm auf.
Aber der hat ja eben ein Blatt gegessen,
Und dann hat der Fuchs den Vogel gefressen.
Ein Glück für den Richy, dass er versteht,
Wie das Rad der Natur sich im Walde dreht.

4. Richy Mac Regner, der Regenwurm,
Fürchtet weder Regen noch Wettersturm!
Doch wenn die Vögel am Boden picken,
Lässt sich der Richy lieber nicht blicken
Und denkt: Bevor ich gefressen werde,
Verschwinde ich schleunigst unter der Erde!

Refrain: Unser Wald schenkt uns Atemluft …

5. Doch ab und zu gibt's im Wald ein Problem,
Geht mal spazieren, da könnt ihr es seh'n:
Da liegt wieder Müll von den Menschen herum –
Und was, bitte, soll der Wald damit tun?
Wir Kinder sagen's euch, Jung oder Alt:
Unser Müll gehört einfach nicht in den Wald!

Zwischenteil:
Uns're Wälder sind grün,
Uns're Wälder sind schön,
Es tut gut,
Unter Bäumen spazieren zu geh'n.

Unsere Wälder werden oft als „grüne Lunge" bezeichnet, und wie die Lunge für uns Menschen ist auch diese **grüne Lunge lebenswichtig für das Klima der Erde.** Zum einen produzieren Wälder bei der Fotosynthese Sauerstoff, zum anderen binden sie in ihrer organischen Materie, also in den Blättern und im Holz, das Klimagas Kohlendioxid. **Kohlendioxid** ist nicht grundsätzlich schädlich, sondern der Grundbaustoff für das Wachstum von Pflanzen. Sauerstoff und Kohlendioxid befinden sich dabei in einem Kreislaufprozess: Pflanzen verwandeln Kohlendioxid und Wasser in Sauerstoff und organische Materie. Tiere und Mikroorganismen konsumieren einen Teil der organischen Materie und verwenden beim Atmen den Sauerstoff, den die Pflanzen herstellen. Dafür geben sie Kohlendioxid an die Luft ab, das wiederum von den Pflanzen genutzt wird, um neue Blätter und Äste herzustellen.
Allerdings hat der Mensch inzwischen diesen Kreislaufprozess so stark gestört, dass er nicht mehr ganz rund läuft. Abgase und andere Faktoren haben den Kohlendioxidgehalt der Luft stark erhöht, während gleichzeitig die Wälder der Erde gerodet oder verbrannt werden. Dadurch wird nicht nur die Anzahl an Bäumen reduziert, die das Kohlendioxid binden und in den Kreislauf zurückführen, sondern gleichzeitig wird bei der Brandrodung von Wäldern das gespeicherte Kohlendioxid auf einen Schlag wieder freigesetzt und heizt den Treibhauseffekt auf der Erde zusätzlich an! Dies hat inzwischen dramatische Ausmaße angenommen: Ein Fünftel des Treibhauseffektes und der Klimaerwärmung ist auf die Vernichtung der Wälder zurückzuführen!

Das Klimagas CO_2

Meine Freunde, die Kinder, haben mir erzählt, dass sie im Fernsehen gesehen haben, dass in vielen Ländern der Welt Wälder abgeholzt werden, um das Holz zu verkaufen und daraus z.B. Möbel herzustellen. Oder ganze Waldflächen werden einfach abgebrannt, weil die Menschen Platz brauchen, um auf Feldern etwas anpflanzen zu können. Dabei ist der Wald doch so wichtig für unsere Erde ... Ob das wohl etwas damit zu tun hat, dass es inzwischen immer wärmer wird und im Winter kaum noch Schnee fällt? Lasst uns mal untersuchen was passiert, wenn Holz verbrannt wird!

Alter: ab 5 Jahren
Material: feuerfeste, leichte Metallschüssel oder Alunapf, Papier, dürre Äste, feine Waage, Schreibsachen, Streichhölzer
Ort: Feuerstelle

Vorbereitung
Die Spielleitung bereitet den Feuerplatz so vor, dass alle Kinder gut sehen können, jedoch weit genug entfernt sitzen, und spricht mit ihnen Feuerregeln ab.

Aktionsablauf
In der Metallschüssel schichten die Kinder Papier und Äste auf. Die Schüssel wird mit Inhalt gewogen und das Gewicht notiert.

Alle Kinder setzen sich in sicherem Abstand rund um die Schüssel. Das brennbare Material wird angezündet und abgewartet, bis es komplett heruntergebrannt ist. Was bleibt übrig? Ein Haufen Asche bzw. Kohle. Wieder wird die Schüssel mit Inhalt gewogen, und siehe da: Schüssel und Asche sind viel leichter! Die Kinder überlegen, woran das liegen könnte und was sie während des Verbrennens gesehen und gerochen haben.

Erklärung: Jeder Baum besteht aus ganz viel Kohlenstoff. Wird der Baum verbrannt, bleibt Asche übrig und gleichzeitig entweicht der Kohlenstoff als Rauch in die Luft, deshalb ist am Ende weniger Gewicht in der Schüssel.

Bei der Umwandlung des Kohlenstoffs in Rauch entsteht das Klimagas Kohlendioxid, wie bei jedem Verbrennungsprozess – also auch bei der Energieerzeugung aus Kohle oder Erdöl. Je mehr Energie wir verbrauchen, je mehr Auto wir fahren, desto mehr Kohlendioxid gelangt in die Atmosphäre – und desto stärker wird der Treibhauseffekt!

Ein wesentlicher Faktor bei der Rodung von Bäumen ist die **Papierwirtschaft.** Mit 250 kg pro Kopf und Jahr (Tendenz steigend) gehört Deutschland neben Japan und den USA zu den Spitzenreitern im Papierverbrauch. Wir verbrauchen damit sogar mehr Papier als Afrika und Südamerika zusammen! Schätzungen sagen: Jeder fünfte Baum fällt für Papier!

Die Papierspar-Detektive

Ist euch eigentlich klar, dass Papier aus Bäumen gemacht wird? Dass also Bäume gefällt werden, um Papier herzustellen? Als mir das neulich aufging, dachte ich als erstes, ich benutze jetzt am besten nie wieder Papier: Nie wieder malen, basteln, Bilderbücher anschauen, schreiben, lesen … Aber dann fiel mir ein, was ein Förster mir mal erklärt hat: Holz ist einer der besten Rohstoffe überhaupt, weil er immer wieder von selbst nachwachsen kann. Man darf nur nicht zu viele Bäume fällen und mehr nutzen, als wieder nachwachsen können. An Papier an sich ist also nichts Schlechtes. Schlimm wird es erst, wenn ich zu viel Papier verbrauche. Und da können wir ja etwas gegen machen, oder?

Alter: ab 4 Jahren

Material: Plakatkarton (aus Recyclingpapier), Malstifte; evtl. verschiedene Papiersorten mit und ohne Umweltsiegel (Blauer Engel, FSC → S. 74), z.B. Schreibhefte, Malblöcke, Toilettenpapier, Haushaltspapier, Kopierpapier …, Klebstoff

Gemeinsam besprechen die Kinder, wie sie als Papierspar-Detektive ihre Einrichtung genauer unter

die Lupe nehmen können. Wo wird in der Einrichtung Papier verbraucht? Wer schaut sich welches Zimmer genauer an?
Die Kinder teilen sich in Kleingruppen auf und untersuchen jedes Zimmer. Gibt es Papier im Bad? In den Gruppenräumen? In der Küche? Im Büro? Wo kann Papier gespart werden? Und wie? Wo könnte stattdessen Recyclingpapier benutzt werden, sodass keine neuen Bäume dafür gefällt werden müssen?
Im Anschluss tragen die Kinder ihre Vorschläge in der Gruppe zusammen und malen oder schreiben diese auf einem Plakat auf. Vielleicht gibt es eine Gelegenheit, bei der alle Kinder den anderen Gruppen und der Kindergartenleitung ihre Ideen vorstellen können.

Variante für ältere Kinder

Die Kinder beschäftigen sich mit den Umweltsiegeln auf den Papiersorten. Können sie Siegel auf den Verpackungen entdecken? Was bedeuten die Siegel? Welches Siegel sollten sie sich merken, wenn sie als Waldschützer bewusst einkaufen wollen? Gemeinsam kleben sie die Qualitätssiegel auf ein Plakat und hängen es zur Erinnerung in der Einrichtung auf.

Holz ist als nachwachsender Rohstoff eines der Produkte, das eine der besten Umweltbilanzen haben könnte. Wichtig ist aber, dass für die Holzgewinnung kein Raubbau an (Ur-)Wäldern betrieben wird. Dies ist jedoch in vielen Ländern der Erde der Fall, vor allem in Entwicklungs- und Schwellenländern. Um eine nachhaltige und zukunftsfähige Forstwirtschaft weltweit zu etablieren, wurden daher Gütesiegel eingeführt, an denen sich der Verbraucher orientieren kann.

Recyclingpapier ist für Toilettenpapier, Zeichenblöcke oder Schulhefte immer die beste Wahl. Es besteht aus Altpapier, also aus Illustrierten und anderen Papierprodukten, die aufbereitet und wieder zu Papier verarbeitet wurden. Recyclingpapier spart nicht nur Holz, sondern auch Wasser und Energie in der Herstellung. Die folgenden Siegel sind dafür ein Garant:

FSC-Papier: Das Siegel „FSC" steht für nachhaltige Forstwirtschaft und garantiert, dass kein Raubbau an Wäldern betrieben wurde. Trotzdem werden für FSC-Papier neue Bäume gefällt, also ist dies die zweite Wahl für Waldschützer nach den Recyclingpapieren.

Unsere Waldausstellung

Jetzt haben wir aber viel über den Wald gelernt! Erst über die Wälder der Erde, dann über die Pflanzen und Tiere bei uns im Wald, über die Auswirkungen der Jahreszeiten und ganz zum Schluss über den Wald als Recyclingsystem und seine Rolle für die Umwelt. Zum Abschluss sollten wir eine tolle Waldausstellung machen, dann können wir allen zeigen, was wir herausgefunden haben!

Alter: ab 5 Jahren

Gemeinsam überlegen die Kinder, was sie den anderen Gruppen oder den Eltern zu den unterschiedlichen Themenbereichen vorstellen möchten. Sie teilen sich in Kleingruppen auf; dabei bieten sich ganz unterschiedliche Methoden an:

Wälder der Erde:

- großes Plakat anfertigen, auf dem die Waldzonen und deren Bewohner vorgestellt werden
- Raumecken in Form von Waldtypen gestalten: in einer Ecke Nadelwald, in der anderen Regenwald, z.B. mit den Tapeten-Baumriesen (→ S. 20) etc., dazu z.B. aus Pappe Bäume basteln und mit Stofftieren ausschmücken: Affen bevölkern den Regenwald, Kuschelbären die nördlichen Nadelwälder ...

Waldpflanzen:

- Baumquiz basteln, bei dem die Kinder die Baumarten erraten können
- Plakat, auf dem die unterschiedlichen Blätter der Bäume vorgestellt werden
- die Kinder verkleiden sich als Baum: braune Hose, grünes Shirt, Hände als Blätter grün anmalen und eine (Baum-)Krone aus Naturmaterialien basteln
- Waldboden-Kladde ausstellen (➔ „Licht im Laubwald" S. 17)

Waldtiere:

- die Kinder verkleiden und schminken sich passend: Der Fuchs zieht sich rot an, bekommt ein rotes Tuch als Schwanz und Schnurrbarthaare ins Gesicht; die Spinne bekommt zwei alte Strumpfhosen mit Papier ausgestopft um den Bauch gebunden und hat damit (inkl. Arme und Beine) acht Beine; der Hirsch ist braun gekleidet und erhält ein Geweih aus Pappmachee ...
- Sprungbahn aufbauen, bei der die Kinder testen können, wer weiter als der Marder springen kann (➔ S. 43)

Jahreszeiten im Wald:

- die Kinder malen ihre Lieblingsbäume viermal: im Frühling, Sommer, Herbst und Winter; alle Bilder so aufhängen, das alle Bäume derselben Jahreszeit übereinander hängen
- die Kinder üben das Lied „Wir woll'n den Wald begleiten" ein (➔ S. 52) und singen es den anderen vor; die Noten werden verteilt und alle Gäste singen mit; am besten mit Gitarrenbegleitung
- vier Raumecken je passend zu einer Jahreszeit im Wald gestalten

Unser Wald – unsere Zukunft:

- selbst gestaltete Plakate zum Thema Recyclingpapier (➔ S. 73)
- Blanko-Button basteln (➔ S. 67) und an Gäste verteilen, die sich an einer Müllvermeidungsidee beteiligen wollen
- Waldmüll-Skulptur ausstellen (➔ S. 68 „Wir säubern den Wald")

Anhang

Register

Literatur

Aichele, Dietmar und Marianne Golte-Bechtle: Was blüht denn da? Stuttgart (kosmos naturführer) 1990.

Brandt, Karl und Hans Behnke: Fährten- und Spurenkunde. Ort (Verlag Parey) 1984.

Budde, Pitt und Josephine Kronfli: Regenwald & Dschungelwelt. In Spielen, Liedern, Bastelaktionen, Geschichten, Infos und Tänzen die faszinierende Welt der Regenwälder erleben. Münster (Ökotopia Verlag) 2006.

CH Waldwochen: Wald erleben und erfahren. Mülheim (Verlag an der Ruhr) 1992.

Cornell, Joseph: Mit Freude die Natur erleben. Mülheim (Verlag an der Ruhr) 1991.

Cornell, Joseph: Mit Kindern die Natur erleben. Mülheim (Verlag an der Ruhr) 1991.

Dittmann, Jürgen und Heinrich Köster: Die Becherlupen-Kartei. Tiere in Kompost, Boden und morschen Bäumen. Mülheim (Verlag an der Ruhr) 1999.

Fischer-Rizzi, Susanne: Blätter von Bäumen. München (Heinrich Hugendubel Verlag) 1994.

Gaffney, Michael: Täuschen, tarnen, überleben. Frankfurt (Kinderbuchverlag Luzern) 1995.

Hesebeck, Birthe u.a.: Mit Robin Hood in den Wald. Waldabenteuer für Kinder: Naturerlebnisse, Tobe- und Geländespiele, Bastelaktionen mit Naturmaterialien, Infos über Pflanzen und Tiere und Geschichten von Robin Hood und seinen Gefolgsleuten. Münster (Ökotopia Verlag) 2003.

Hofmeister, Heinrich und Gerd Nottbohm: Basiswissen Biologie 8. Ökologie der Wälder. Stuttgart (Gustav-Fischer-Verlag) 1995.

Lechner-Knecht, Sigrid: Kommt und erlebt die Wunderwelt des Waldes. Tuningen (Ulmer Verlag) 1990.

Neumann, Antje und Burkhard Neumann: Waldfühlungen. Das ganze Jahr den Wald erleben. Münster (Ökotopia Verlag) 1999.

Saudhof, Kathrin und Birgitta Stumpf: Mit Kindern in den Wald. Münster (Ökotopia Verlag) 1998.

Die Autorinnen & die Illustratorin

Birthe Hesebeck, Jahrgang 1971, ist Dipl.-Biologin und seit über 15 Jahren in der Umweltbildung und Erlebnispädagogik tätig. Gemeinsam mit Studienkollegen gründete sie 1994 den Arbeitskreis Waldpädagogik e.V. und 1998 das Unternehmen Arillus (Gesellschaft für Umweltbildung, Beratung und Naturerlebnis mbH).

Arillus bietet eine Vielzahl von Projekten für Kinder, Jugendliche und Erwachsene an, u.a. Naturerlebnis-Klassenfahrten und Fortbildungen. Regelmäßig entwickelt Arillus zudem neue Spiele und Aktionen.

Parallel dazu leitet Birthe Hesebeck den Bereich Umweltbildung und Umweltkommunikation bei der Tropenwaldstiftung OroVerde und ist als Autorin für verschiedene Verlage tätig. Dort erstellt sie u.a. Unterrichtsmaterialien zu naturwissenschaftlichen Themenbereichen.

Arillus
Umweltbildung, Beratung und Naturerlebnis GmbH

Veröffentlichungen bei Ökotopia:

- Birthe Hesebeck mit Georg Lilitakis, Stefan Schulz und Dirk Gouder: **Mit Robin Hood in den Wald.** Waldabenteuer für Kinder: Naturerlebnisse, Tobe- und Geländespiele, Bastelaktionen mit Naturmaterialien, Infos über Pflanzen und Tiere und Geschichten von Robin Hood und seinen Gefolgsleuten.
- Birthe Hesebeck mit Stefan Schulz und Georg Lilitakis: **Praxishandbuch für soziales Lernen in Gruppen.** Erlebnisorientiertes Arbeiten mit Kindern, Jugendlichen und Erwachsenen.

Kontaktadresse:

Arillus GmbH · Schildweg 1 · 37085 Göttingen
www.arillus.de · info@arillus.de

Mara Meske, Jahrgang 1978, ist Dipl.-Pädagogin und promoviert derzeit an der Philipps-Universität Marburg zum Thema „Naturbilder von Kindern". Seit ihrer Kindheit übt die Natur eine besondere Faszination auf sie aus. Diese Begeisterung prägte auch den Verlauf ihres Studiums. Im Studienprojekt „Umweltbildung / Bildung zur nachhaltigen Entwicklung" setzte sie sich nicht nur intensiv mit der Theorie auseinander, sondern machte auch zahlreiche Erfahrungen mit der praktischen Vermittlung.

Seit 2001 leitet sie Projekte zu verschiedensten Naturthemen mit Kindergruppen und an Schulen. Seit 2003 gibt sie diese Erfahrungen an Studierende, LehrerInnen und ErzieherInnen weiter. Ebenfalls 2003 gründete sie gemeinsam mit anderen Studierenden die Gruppe „SpielraumUmweltBildung" (S.U.B.), die Exkursionen, Vorträge und Projektwochen zu Umweltthemen für verschiedene Zielgruppen veranstaltet. Inzwischen ist S.U.B. ein eingetragener, gemeinnütziger Verein, dessen Vorsitzende sie ist (www.sub-marburg.de).

Simone Pahl, Jahrgang '68, studierte zunächst Architektur in Berlin. Bereits während ihrer Tätigkeit als Architektin wurden zahlreiche Illustrationen von ihr veröffentlicht. 2004 beschloss sie, ihre Leidenschaft zum Beruf zu machen. Seitdem sorgt sie als freie Illustratorin für eine anspruchsvolle Bebilderung von Unterrichtsmaterialien, Lernspielen und Kinder- und Jugendbüchern verschiedener Verlage. Ihr Ziel ist es, durch einen einfühlsamen und lebendigen Zeichenstil die Inhalte von Texten eindrucksvoll zu vermitteln. Sie ist Mitglied der „Illustratoren Organisation e.V.".

Weitere Informationen unter **www.simonepahl.de**

... und dazu der Tonträger von H. E. Höfele & S. Steffe:

EICHE FARN & SPECHT

Spannende Hörspielgeschichten und KNUDlige Lieder

Ohren gespitzt: KNUD ist unterwegs, um die Wälder zu erforschen! Da gibt es jede Menge spannende Abenteuer zu erleben. In witzigen Hörspielgeschichten und KNUDligen Liedern vermittelt die CD auf unterhaltsame Weise allerlei Wissenswertes zum Thema Wald: Warum heißt der Regenwald eigentlich Regenwald? Wieso wälzt sich das Wildschwein im Schlamm? Wie wohnen die Tiere im Wald? Und warum muss die Brennnessel brennen?

Die kurzweiligen Hörspiele werden ideal ergänzt durch die lebendigen KNUD-Lieder – ein ebenso informativer wie unterhaltsamer Hörgenuss! Alle Liedtexte finden sich im aufwendig gestalteten Booklet; das gleichnamige Aktionsbuch enthält die Noten zu den Liedern.

ISBN 978-3-86702-099-2

Kinder begeistern ...

mit Liedern, Tänzen und Geschichten aus dem Ökotopia Verlag

Michi Vogdt

Helau, Alaaf und gute Stimmung

Närrische Tanz- und Feierlieder zum Mitsingen und Austoben für kleine und große Jecken

Eine lustige Zusammenstellung für Karnevalspartys aller Art. Vom Mitmach-Marsch über Samba bis zum Alpen-Rap sind diese närrischen Songs eine echte Fundgrube.

ISBN (CD): 978-3-936286-32-8 · ISBN (Buch): 978-3-936286-31-1

Rolf Zuckowski

Feste feiern rund um die Jahresuhr

16 Gute Laune Lieder für alle Jahreszeiten

Eine bunte Zusammenstellung der beliebtesten Hits von Rolf Zuckowski zum Mitsingen und Mitmachen

ISBN (CD): 978-3-936286-69-4 · ISBN (Buch): 978-3-936286-68-7

Hartmut E. Höfele

Lichterfeste

Stimmungsvolle Lieder und Geschichten zum Mitsingen, Zuhören, Tanzen und Feiern in der Lichterzeit

Eine Mischung aus traditionellen Laternenlauf-Liedern und neuen Kompositionen und Geschichten rund um das Licht.

ISBN (CD): 978-3-936286-67-0 · ISBN (Buch): 978-3-936286-66-3

Hartmut E. Höfele

Feuerwerk und Funkentanz

Stimmungsvolle Lieder, Tänze und Geschichten rund ums Thema Feuer

Die Titel animieren zum Mitsingen und sorgen beim gemeinschaftlichen Lagerfeuer für Stimmung.

ISBN (CD): 978-3-931902-86-5 · ISBN (Buch): 978-3-931902-85-8

Kinder kommen in Stimmung

Die schönsten Lieder zum Feiern, Bewegen und Ausgelassensein

Eine beschwingte Sammlung der besten Ökotopia-Partyknüller. Für jeden Anlass ist etwas dabei!

ISBN (CD): 978-3-86702-024-4

ImmerWieder MitsingLieder

Die Gewinner aus dem zweiten WDR 5 – KinderLiederWelt-Wettbewerb

Die musikalische Bandbreite der Gewinnertitel reicht von Swing, Rock, Reggae, Klängen des Mittelalters, über Welt- und Popmusik bis zum Disco-Schlager.

ISBN (CD): 978-3-86702-051-0

ÖKOTOPIA

Rucksackabenteuer mit KNUD® dem Umweltforscher

Jetzt kommt KNUD!

Kinder lieben es, mit allen Sinnen die Natur zu entdecken. Mit Forscherdrang und Begeisterung ziehen sie los, um Erde und Luft, Wald oder Wasser ganz genau unter die Lupe zu nehmen. Mit KNUD dem Umweltforscher wird das zum Kinderspiel: Unsere neue Reihe bietet ein umfangreiches Materialpaket für ErzieherInnen, GrundschulpädagogInnen und Eltern von Experimenten und Spielaktionen über Unterrichtsmaterial bis hin zu Hörbuch-CD, Forscherset und Spielpuppen!

Unser KNUD-Konzept: naturwissenschaftliches Lernen mit Spiel und Spaß!

Weitere Infos unter: *www.umweltknud.de*

Aktionsbuch

Erde, Matsch & Stein
Mit Experimenten und spielerischen Aktionen den Erdboden und seine Bewohner erforschen und verstehen
ISBN 978-3-86702-038-1

Sonne, Wind & Wasserkraft
In Experimenten und spielerischen Aktionen Klima und Energien erforschen und verstehen
ISBN 978-3-86702-068-8

KNUD Spielpuppe 30 cm
ISBN 978-3-86702-037-4

KNUD Rucksack
ISBN 978-3-86702-034-3

Hörbuch-CD

Erde, Matsch & Stein
Spannende Hörspielgeschichten und Knudlige Lieder
ISBN 978-3-86702-040-4

Sonne, Wind & Wasserkraft
Spannende Hörspielgeschichten und Knudlige Lieder
ISBN 978-3-86702-069-5

Unterrichtsmaterial

Erde, Matsch & Stein
Unterrichtsmaterialien zum Thema Boden
ISBN 978-3-86702-039-8

Sonne, Wind & Wasserkraftl
Unterrichtsmaterialien zum Thema Klima und Energie
ISBN 978-3-86702-070-1

KNUD Fingerpuppe
ISBN 978-3-86702-036-7

Forscherset
ISBN 978-3-86702-035-0